你不該為創業受的苦

創投法務長教你開公司、

找員工、財稅管理、智財布局與募資

許杏宜 著　夜未央 MiO 漫畫

CONTENTS

Lesson 2 創業沒有後悔藥：公司架構及設立【進階】

Lesson 3 錢錢跑來跑去：稅務與財務

Lesson 4 老闆不是人幹的：勞動關係

Lesson 5 無形資產戰爭：智慧財產權

導讀 事半功倍的途徑

吳榮義

台杉投資公司是一家由政府出資四〇%，加上民間出資六〇%，共同募資成立的國家級投資公司；設立初期（二〇一七年）的基金規模為一百零五億新台幣，共有兩檔基金。今年（二〇二一年）上半年計畫增加二檔規模各十五億新台幣的基金。目前已投資超過三十家有潛力的公司，業務順利推展。

《你不該為創業受的苦！》的作者許杏宜律師，是台杉投資公司從一開始籌劃到成立後順利運作，負責法務及建立公司制度的優秀法務長，由於她豐富的法律知識及經驗，使台杉投資公司能夠順利營運，作為台杉投資公司的董事長，我要在這裡特別感謝杏宜的貢獻。

我相信本書的內容，都在杏宜籌劃台杉投資公司過程中及初期營運加以驗證，因此，特別具有很高的參考價值。

這本書將創業時會碰到的課題，做了簡潔俐落的描述，由公司法開始介紹需要釐清的各種夥伴關係，再談到營運需要的財報、稅務、人資，以及智慧財產權，內容都有諸多叮嚀。我想特別提出，以下從事新創事業的相關工作人員都應當要了解這本書：

創業者與投資人：這本書的各章節對這兩類人都很重要，我相信尤其對於初次創業的人、或是初次投資他人的人，都會受用無窮。

經理及幕僚：我認為本書對高階經理及其幕僚人員也特別有用，因為創投基金相當注重被投資公司的團隊組成，團隊需要能理解彼此、互相扶持。

員工：最後，我也推薦員工應該要讀過這本書，才會理解相關公司法規，以及自己的勞動關係權利義務。屬於研發或設計部門的員工，也需要去讀智慧財產權那一課。屬於需要跟外部進行請款、匯款等工作的員工，也推薦去讀稅務與財務那一課。

台杉投資公司成立三年多以來，認識許多新創事業，我們對創業家充滿敬意，因為每一位正直、善良、充滿熱情的創業家，都強烈希望新創公司能夠成功。然而，創立一家公司的方方面面都涉及法律，如果能夠即時諮詢律師，一定能讓創業事半功倍。

現在，創業家們很幸運能有杏宜這本《你不該為創業受的苦！》，書中分享許多知識及經驗。我相信，只要讀者花一些時間，將這些內容融會貫通，就能讓公司運作更順暢，業績蒸蒸日上，因此樂予推薦。

筆者為台杉投資公司董事長

導讀

避免不必要的創業風險

陳忠仁

很高興能為許杏宜律師所撰寫的新書《你不該為創業受的苦！》撰寫導讀，杏宜除了長期擔任執業律師外，也曾經擔任國家級台杉投資管顧公司的法務長，對於台灣創業投資環境與現況，有豐富的實務經驗與觀察。

根據個人在創新創業與產學合作的教學研究與實務經驗，許多的創業團隊在努力建構新創事業時，由於先前沒有機會學習法律相關知識，因此常常沒有注意到事業經營時可能碰到的相關法律規定，造成許多不必要的風險與麻煩。一旦發生問題時，就只能被動因應，盡量降低損害。相對地，創業者若是平常能積極學習了解新創事業所需的相關做法與對應的法律知識，如此就較能主動超前部署，營造較有利的經營格局與氛圍。

這本書的內容分為六課二十章，針對公司架構及設立的基礎與進階、稅務及財務、勞動關係、智慧財產權、募資與資金規劃等進行說明。在此六個課題下，再開展為二十個章節，將新創事業時所可能遇到的重要議題與法規做法都做了介紹，內容平鋪直敘、淺顯易懂。每一課也指出相關的法律規定，讓讀者可進一步地連結，去閱讀了解這些法規的實質內容。除了文字敘述外，這本書也採取漫畫插圖的方式，將創業者經常會碰到的可能問題，以漫畫劇情說故事的手法，幫助讀者輕鬆地理解可能發生的法律問題及相關解決辦法，這也是此書的有趣特點。

創業者在新創事業時非常辛苦，必須各方面都予以兼顧，常感覺分身乏術，筋疲力盡。此時尋找專業人員協助或閱讀實用書籍都可給予創業者有力的支持。新創事業時，不僅需在產品服務、經營策略、商業模式、資源募集等地方尋找價值創新之處，也需要對相關的法規有所了解與對應。創業者具備法務素養，對新創事業的發展，應會有更寬廣的布局視野，閱讀《你不該為創業受的苦！》這本書，相信會對讀者在此方面有所助益。

筆者為台灣大學商學研究所特聘教授

導讀 在技術與夢想之外

胡德民

創業家們很浪漫、很勇敢、很有信仰，極大多數的創業家們也都很忙。他們熱情洋溢，日夜顛倒，拚命想要用創業的方式向世界證明他們的遠見不僅僅只是奇思妙想，而是足以顛覆世界的全新技術進化或商業模式。

但是只有那些極少數的老鳥們，真正認識到，創業家肩上的擔子有多重。在抵達那個流著奶與蜜的迦南美地之前，有多少風險與阻礙。更甚者，其實大多數的險阻，都是可以事先預知與避免的。

我認為這本書的讀者，不僅僅是創業家，同時也是給那些有機會加入創業團隊的勇士們，這本書能幫助您釐清「眉角」何在，例如技術入股、當股東跟負責人會有什麼義務跟責任。我們都更需要對創業這條路有更多的了解，特別是那些在技術與夢想之外的、有關現實世界的事情。

創業成功的要素不離「人、錢、槍（優勢與價值）、糧（現金流）、彈（持續交付）」。許律師看到，台灣的創業者多半是技術背景出身，所以把這些千金不換的前車之鑑，用漫畫、用大白話，容易入口，希望創業家們少走冤枉路，能夠專心磨練自己的必殺技，而不致於沉沒在法律條文、行政程序、稅務規章、勞動規範之中，一次又一次吃著後悔藥心痛不已。

您絕對可以開心地把本書當作一本漫畫書來看，雖然裡面包裹的知識極為重要。本書從公司組織的設計方式開始，直接切入創業家們懵懵懂懂的幾個迷思。

首先，是要設立境外還是境內公司？有限還是商號？普通股還是特別股？開個公司究竟有哪些營業成本？接著討論如何打造團隊，如何管人？台灣政府對於勞工福利愈來愈重視，新創公司千萬輕忽不得。請神容易送神難，加上各種政府規定的管銷成本，許律師清楚說明為何「人事費用比你想的龐大」，而這些都牽涉到法條與罰則，處處都是創業家所必須面對的地雷。

搞定人事問題，談到如何管錢也沒有更容易：創業家都了解募資是生死大事，然而卻比較少關注如何有效且正確地花錢，或是聰明保障自己的創意與勞動成果，避免這些投資因為智慧財產權的議題而顆粒無收。如何聰明地募資？如何正確看待自己的估值？如何衡量自己的商業模式？如何分辨「貴人」？相信您會感謝許律師，用法律人的角度，把這些燒腦的議題，通通在本書中整理清楚，讓一般的技術宅如我，也可以對創業過程中的各種法律風險，有了全景式的認識。

如同許律師所提到，微軟新創加速器就是一個不需要向創業家收取費用或是股份交換的加速器。如果您對於本書中所羅列的創業議題都已經胸有成竹，創業團隊與商業價值也已經具備雛形，正等待著一個火箭引擎助推，往智慧製造、智慧零售、智慧金融與智慧醫療的企業領域加速邁進，那麼我們可以幫助您將解決方案技術架構調整得更成熟，商業模式更具說服力，然後一同挑戰大企業的商機，進而運用微軟全球伙伴網路體系，出國比賽，往獨角獸之路邁進。

誠心祝福每一位創業家。

筆者為台灣微軟專家技術部總經理／微軟新創加速器執行長

作者序

你的創業必備良伴

創業很難。不管你做的是從零到一的創新大業，還是由一到N的複製模式，創業這條路都很艱難。創業的困難不但在於「業」本身的創設及發展，還在於你要打一場人與錢的整合戰。要把人與錢整合在一起，就會開始面臨複雜的法律關係及法律制度，千絲萬縷都需要創業者的留意及處理。

問題是，創業者每天披荊斬棘，櫛風沐雨，往往連睡覺的時間都不夠了，通常不會有心思處理業務以外的問題，法律更往往被當作是不重要的技術細節。但事實上，了解法律不只是確保公司不違法，減少不必要的麻煩，一個創業者如果懂得善用法律工具，更能為自己的事業加分，經營決策也能發揮更正面的效果。因此，**這本書第一個目的，就是希望從法務的角度，幫創業者勾勒出阻力最小的創業路徑，讓創業者能在創業的路上事半功倍，少走一些冤枉路**。

身為律師，我一直很樂於協助創業者熟悉有關經營公司的法律知識，但我也經常發現創業者有一些共同的毛病：創業者常常都是拖到最後一刻、問題變得嚴重複雜時，才來找律師幫忙。我經常好奇：為什麼不在問題還單純時就先來請教律師，這樣不是更省力省事嗎？出乎意料地，「沒有預算」或「不想花錢」並不見得是創業者拖延請教的主要原因，更多的情況是創業者根本沒有意識到當下面臨的狀況牽涉了法律問題，也沒有意識到這些問題可以請教律師。

創業者沒有意識到法律問題，這跟創業者的法務素養相對薄弱有關。在整個社會培育創業者甚至企業家的過程中，法律素養一直是相對被忽視的一環。當然，不只創業者，以現代社會的複雜程度來說，基礎的法律知識對任何人都是必要的公民教育。只是一家公司的領導人有無法律素養，將直接影響這家公司各個營運面向的發展，將決定事業的興衰起敝及個人的福禍榮辱。**本書的第二個目的，就是希望能夠幫助創業者，建立起創業所需的法務素養，讓創業者能脫胎換骨，從創業路上的「法盲」轉變為成熟、有觀念的「創業家」**。

再者，創業者沒有意識到可以及早向律師請教問題，這可能與國人對律師行業的理解有關。絕大多數的民眾都認為律師的工作就是打官司，除了打官司外，還是打官司，殊不知在企業營運方面給予建議，協助企業降低風險、趨吉避凶，甚至善用法律工具對外開闢財源（例如將智財貨幣化），這些也是律師的強項與專業。不知道可以請教專業人士的結果，往往就是創業者依賴非專業人士的建議，後續進展卻不盡理想，最後還是得回頭請教律師。因此，**本書的第三個目的，就是希望幫助創業者理解，律師是你創業過程中最好的朋友及後盾**。找到一位好律師，將可以改變你創業的過程，讓你從此升上幸福的天堂。

法律一向給人艱深的距離感，但我希望創業者能不再視法律為畏途。因此，這本書在不犧牲語意正確性的前提下，盡可能地拋棄專有名詞，使用淺白的口吻來解說，讓創業者在輕鬆好讀的氣氛下，慢慢地建立起創業所需的正確法律觀念。另外，有別於市面上的法律書籍多集中在特定單一主題，這本書廣略地涵蓋了公司型態與設立、財稅、勞動、智慧財產權與募資五大面向，希望創業者能用最短的時間建立起全面的法律觀。

這本書能順利問世，首要感謝八旗文化的編輯鍾涵瀞先生。除了決定出版這本書外，涵瀞編輯也為這本書提出大膽的構想：加入漫畫，用漫畫拉近創業者對法律的距離感。這個做法在法律出版品中並不常見，也會增加出版社的成本，但涵瀞編輯仍無畏地採用，只求這本書更能為創業者所吸收。法律的學習向來重文字而輕圖像，但在本書加入充滿故事性的漫畫之後，稍嫌枯燥的法律內容就變得活潑鮮明。另外，涵瀞編輯也相當有耐心，不厭其煩地與我推敲文句，務求本書的字字句句都能平易近人。由涵瀞編輯操刀出書，無華原石有了被琢磨砥礪的機會，我倍感榮幸而鳴謝在心。另外，漫畫家夜未央 MiO 精緻而生動的畫風，為這本書增添更多可讀性，我在此一併致上誠摯的謝意。

另外，也謝謝（依姓氏筆畫數排列）呂聿雙律師、徐瑞昌會計師、陳月秀律師、許博智律師、黃若婷律師、楊舜麟律師及鄭曄祺律師對本書的建議，讓本書得以更加完善。

創業雖然艱難，卻也浪漫迷人。希望這本書陪你流淚播種，一起打下穩實的地基，他日你歡呼收割的時候，我必將大聲為你喝彩。

第一課

踏出成功的第一步

公司架構及設立【基礎】

新的商機蠢蠢欲動

這一課，你會學到——

- 各種公司組織型態
- 股份有限公司的資本及股份
- 公司設立登記流程

ㄅ八
躂
噠
二〇二〇年，COVID-19席捲全球。
極高的感染率，讓人們彼此隔離。一個人用餐成為常態。
吃

全球民眾在家用餐的比例明顯增加，
台灣整體受疫情影響較小，卻也有五四%的人傾向在家烹煮。
與此同時，為了避免食物浪費，消費者也傾向購買更容易保存、包裝較小的食材。
新的商機蠢蠢欲動——
好！
偉祺
前 IT 工程師

這裡就是我們「愛呷飽」的辦公室！
哇喔！開始有真實感了呢！
等成功之後再激動吧！
我可是很相信你的商業眼光喔！
千辛萬苦，不可思議啊！居然真的要開公司了！
芮儀
偉祺的大學學姐

我們要創建一個集資平台與社群。
不但可以團購特殊食材，訂閱會員更可以參與料理的線上課程！
一同參與的會員可以獲得獎勵或補助，吸引更多會員，
讓我們有更多籌碼向食材供應商談判。
首先要推出在家料理的聯繫網「食好多」！
參與集資！
而且……

我相信人和人之間的關係，一定會因此更緊密！
理想先放在一邊⋯⋯我借你的三百萬呢？
你不是說一有進度就還我嗎？我幫你把資本額度拉高，好讓帳面好看點。
現在公司進度如何？何時還我錢？
⋯⋯
⋯⋯

你現在是要跟我說。
你什麼都沒有做嗎?
RIP
我在研究怎麼登記設立公司了!
公司成立後,立即將三百萬還給妳!

拍掉
這還差不多。你真的很菜欸！進度超爛。
真不懂你這個窮仔怎麼有辦法辭掉IT工程師，決心出來創業。
壓力
電商又很燒錢，不容易啊。
我覺得當社畜保險多了
學姐妳或許沒錯，但是——
我想將命運掌握在自己手中！
幾日後
偉祺！打瞌睡的話，魚會跑走喔！

Roger 羅
偉祺的表舅
主要投資人
抱歉啊，在你正忙的時候找你出來玩！
不會！不會！一點都不累。
釣到一隻魚後，就先回車上休息吧！
而且……
噗

哈哈
你是不是想省錢不請律師，自己搞定法條才累爆啊？
一知半解是最危險的，乖乖請律師吧！
好久沒見到必盈律師了，一起去吧！
我投資給你的五百萬，要用在刀口上啊！
請必盈來的話，公司營運都會妥妥貼貼的！
……
舅舅你為什麼願意投資我那麼多錢？

拉
因為我喜歡釣魚
嘩
啦
更喜歡教別人怎麼釣魚！
而且你想問的是，我整天閒著沒事，為啥會這麼有錢吧。
都寫在臉上啦！菜鳥！

成立好公司之後，我就讓你把股票交出來，
這就是舅舅閒著發財的秘訣。
我的也上鉤了？
盈律師！

羅先生和他的外甥來了！
感覺糟透了！
李必盈
經驗豐富的商務律師

這一課的你會接觸到的法律

- 公司法
- 有限合夥法
- 商業登記法
- 所得稅法
- 加值型及非加值型營業稅法

1 創業者，集結！——公司的組織型態

想要開公司，你第一個要想的是，要開什麼類型的「公司」，組成公司的「角色」有哪些？這是你首要必備的法務素養知識。

這邊所說的類型，並非在說產業類別（科技、服務，或餐飲等），也不是在說商業模式（電商、諮商顧問等），而是指公司的「組織型態」，也就是你在日常生活中常聽到的「股份有限公司」、「有限公司」、「商號」等等。在台灣開公司，有很多種組織型態可以選，下頁的樹狀圖列出你可以考慮的選項。看起來很混亂嗎？沒關係！我會告訴你最適合你的那一個。

創業最怕多走冤枉路，徒增成本與風險，這也是為什麼哈佛商學院如此重視個案分析（Case Study）的原因之一。在這本書，我們會優先建議最適合創業者的選項，並且適時搭配案例，降低你的金錢、時間，與機會成本。具備法務素養的好處之一，不就是為了減少麻煩，好讓你能專心創業嗎？因此，我們會

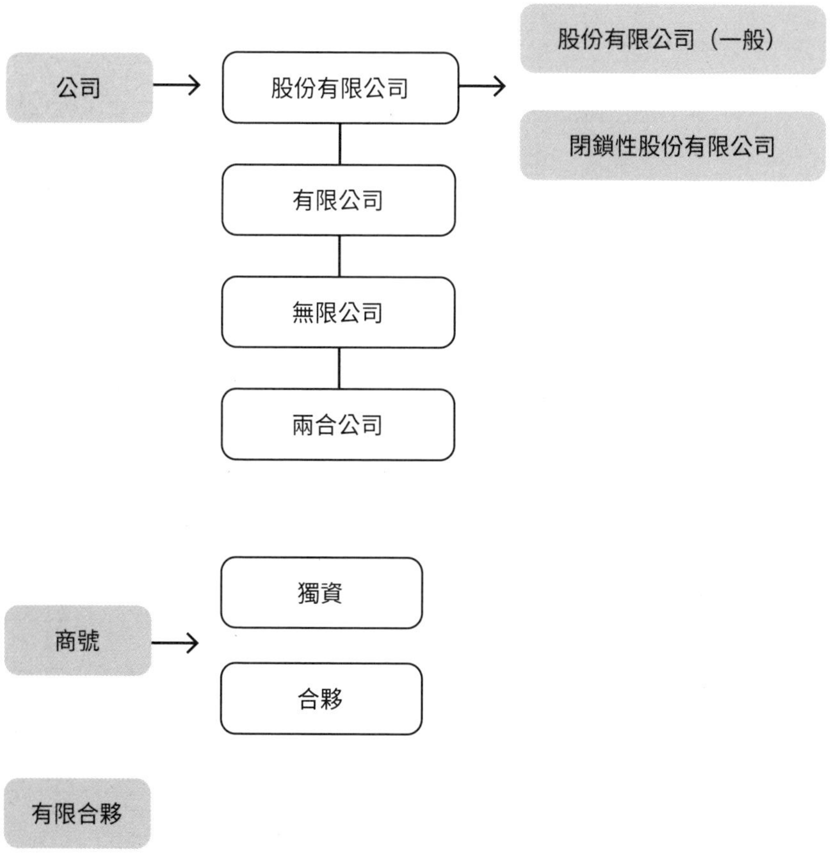
公司
股份有限公司
股份有限公司（一般）
閉鎖性股份有限公司
有限公司
無限公司
兩合公司
商號
獨資
合夥
有限合夥

先從「股份有限公司」談起，因為股份有限公司往往最適合擁有長期目標的創業者。（另外，我們不介紹無限公司與兩合公司，因為在實務上這兩類型態極少採用，過去甚至一度考慮廢除。）

最適合創業：股份有限公司

股份有限公司是最常見、也最適合創業的組織型態。你經常聽到的：「股票」、「股份」、「董事會」、「股東會」及「監察人」，都是股份有限公司會出現的名詞。

歸根究柢，多數法律處理的是人與人之間的事，具備商業的法務素養，其實也就是教你如何處理在創業過程中人的議題。成立公司，當然也從人出發。當創業者決定要成立股份有限公司，你需要集結兩位以上的投資人，也就是「股東」，股東可以是「自然人」或「法人」（幫你回顧一下公民課，自然人就是像你我這樣真正的人；法人則是在法律上具有人格的組織，公司、財團法人、社團法人，或有限合夥都屬於法人的範疇，法人與我們這些自然人一樣，享有法律上的權利與義務）。

■ 股份有限公司的職位組成

股份有限公司	一般情況	股東為政府或法人時
股東	2 人以上	1 人以上
董事	1 位以上	1 位以上
監察人	1 位以上	如僅有 1 個單一政府或法人股東，則可不設
經理人（可能是執行長、總經理、總裁……法律上沒有規定職稱）	任意	任意

至於法律規定的必設職位，你會需要設置至少一位決定公司政策的董事，與一名監督公司業務執行的監察人，至於是否要設置管理事務的總經理[1]，沒有硬性規定，身為創業者的你可以自行決定。

雖然前面說到，成立股份有限公司至少需要兩位股東，但如果是由政府或法人擔任公司股東，則可以例外只有一位股東。而且在股份有限公司只有一個政府或法人股東時，這時股份有限公司還可以例外地不設監察人。

1 公司法的用語是「經理人」，至於職銜要叫「總經理」、「執行長」、「總裁」……法律沒有限制。這本書為了方便讀者理解，在不影響語意的範圍內，會盡量用一些淺白通俗的詞語來說明解釋，故這裡寫「總經理」。

優點

股份有限公司的好處很多。

有限責任：名字既然出現「有限」，表示是有限責任，股東只在所持有股份的範圍內負責。這意思是說，如果公司積欠龐大的債務，把原來的股份注資都賠完還不夠時，股東也不需要再額外出錢償還公司債務。「有限責任」對創業者和投資人來說都相當重要，你應該盡可能地將你拿來創業的錢跟你其他的財產做一個適度的隔離。

容易理解：「股票」、「股份」、「董事會」及「股東會」這些名詞，常常經由戲劇、新聞或各類生活場合進入你我的生活周遭，對你或你的投資人來說，理解門檻比較低。

利於股權設計、較為彈性：當公司規模擴大，需要愈來愈多資金投入時，就愈適合採用股份有限公司這種型態。因為當股東人數一多，你可能會想針對股權做不同的權利設計，股份有限公司允許你發行不同權利的股份，股權設計更為彈性多元。另外，股份有限公司的股東主要是藉由股東會投票來行使權利。不意外地，在台灣要上市上櫃，必須是股份有限公司。

稅率沒有差異：有些創業者會擔心，不同的組織型態會導致適用不同的稅率，怕會因為選擇成立股份有限公司，而必須多繳稅（因為名字比較長？），但其實，不論是營業稅或營利事業所得稅等，股份有限公司都與其他類型的組織相同。你不會因為選擇股份有限公司，在稅務上處於不利的位置。

缺點

沒辦法一個人就成立：創業者的行動力往往是「疾如風」、「侵略如火」。嗅到商機就想要馬上開始，但成立股份有限公司需要比較完整的組織，除了你自己之外，至少還要找得到另外一名股東出資。即使已經找到兩名股東，必設職位至少要有一位董事與一位監察人，即使你自己擔任董事，還得找到一名令你放心的監察人。這對想要自己一個人獨立創業的創業者來說，就會是個麻煩。

權利較分散：另外，除非你的股份有限公司是一人董事，否則股份有限公司的業務決策權在董事會，另外股東會每年至少也要召開一次，而董事會跟股東會召開都有既定的召開方式及程序要走，創業者要花點時間了解。

但大體上來說，除非採用其他類型的公司會有明顯的利益，否則只要你能找到足夠人數的股東、董事及監察人，股份有限公司是比較長遠的選擇。

第二選擇：有限公司

當然，你也可以考慮有限公司。有限公司只需要一位股東就可成立。法律規定的必設職位上，有限公司至少需要一位董事，最多可以三位董事，沒有監察人的職位。至於經理人，一樣可自由決定要不要設立。

優點

有限責任：有限公司與股份有限公司一樣，是有限責任。股東只在出資額範圍內負責，不用額外出錢償還公司債務。

只需要一位股東：有限公司只需要一位股東就可設立，另外，因為只要一名董事，這名股東可以直接擔任董事。如果創業者無法找到除了自己以外的合適人選來投資或合作經營公司，有限公司就是一個好選擇。

有限公司的職位組成

	有限公司
股東	1 人以上
董事	1 ～ 3 位
經理人	任意

稅率沒有差異：營業稅及營利事業所得稅的稅率上，有限公司跟股份有限公司是一模一樣，不會不利。

缺點

彈性不足：有限公司經常被批評不夠彈性，過去的法律甚至規定有限公司在某些情況下，需要經由全體股東的同意。例如，如果有限公司想修改章程（章程之於公司，如同憲法之於國家），以前的公司法規定需要全體股東同意，這導致過去實務上常看到有限公司發生僵局：即使多數股東都同意修改章程，但只要一個股東不同意，整家公司就會動彈不得。所幸，二〇一八年公司法大修後，有限公司的相關規定獲得放鬆，不過對比股份有限公司來說，還是有一些操作上的不便。像是當有限公司想要增資時，必須讓所有股東表決，得到半數同意後才能增資，換句話說，就算是身為創辦人的你，願意補足公司不足的資金，但沒有股東表決通過，你還是不能做。還有另外一種情況，當某一位股東需要資金周轉，想把自己的股東權利賣給別人時，也必須得到其他股東表決權過半數的同意才能轉讓。

我經常看到有限公司的股東彼此已經不合，卻還是因為上面說的這些規定無法分手也無法前進，公司陷入僵局，甚至是彼此互告。結婚容易分手難，如果你真的想要採用有限公司，股東組成通常是愈單純愈好。

看似流行的選項：有限合夥

還有一種組織型態，不是公司，但近來也常被創業者問到，就是「有限合夥」。

有限合夥至少要有一名普通合夥人，與至少一名有限合夥人。普通合夥人負責實際經營業務，因此對有限合夥的債務負連帶清償責任；相反地，有限合夥人不參與業務執行，只就其出資額對有限合夥負責，也就是有限責任。有限合夥在台灣跟公司一樣，也是法人，也能夠獨立地簽約或行使權利、負擔義務。

有限合夥在國外行之有年，創投及私募基金界常用有限合夥。但在台灣，有限合夥法通過的時間還短，目前國內的有限合夥不算多。截至二〇二〇年年底為止，台灣約只有七十多家有限合夥，但同期台灣共有超過七十萬家股份有限公司與有限公司。

有限合夥之所以引起注意，主要還是因為彈性。有限合夥人跟普通合夥人可以透過合約，大量約定彼此之間的權利義務關係。但是，成也蕭何，敗也蕭何，有限合夥這麼彈性，表示合夥人之間的合約要寫得很詳細，否則未來普通合夥人與有限合夥人有糾紛時，可能發生不知如何解決的窘境。創業者如果真的要採用這種型態，一定要跟你的律師詳細討論，將契約設計好。

另外，有限合夥在有些國家可以享受稅務優惠。但在台灣，目前只有符合特定條件的創投業才能申請特殊稅務待遇，因此在稅務上，一般創業者採用有限合夥是沒有稅務優勢的。

最後，普通合夥人要負無限責任。也就是說，如果有限合夥欠下大量債務時，普通合夥人會需要用到自己本身的錢來清償。創業者要擔任普通合夥人的話，建議請律師幫你做好整個架構的設計，來降低這方面的風險。你不

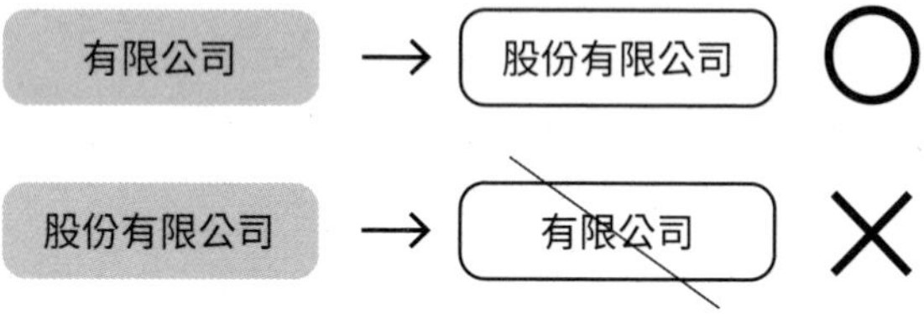

會希望創業失敗拖累你的一生。

選錯了怎麼辦？

前面介紹的三種組織型態，各有其優缺點，你可以按照自己的需求選擇。

如果選了有限公司但後來覺得不適合，可以經過股東表決權過半數同意，直接申請變更成股份有限公司，但是請注意，股份有限公司不能變更成有限公司（這也說明了，立法者本身是較鼓勵民眾使用股份有限公司的）。而股份有限公司或有限公司與有限合夥之間，彼此都無法相互轉換。

如果你真的覺得選錯了，但不能變更成其他組織型態，怎麼辦？其實，這也不是世界末日，請跟律師討論如何重組公司，並且小心重組過程中的債權債務移轉及責任歸屬問題。當然，還是希望你在一開始就選到最適合自己的組織型態。

目前市場上的創業主流以股份有限公司為主，因此，除非有另外的說明，否則本書接下來的章節，都假設你要開的是股份有限公司。

還有一個：商號（行號）

「咦，講完了嗎？但是我朋友開的是商號啊！還有常聽到合夥與工作室啊，那是什麼？」

「抗疫時政府有針對小規模營業人進行紓困，什麼是小規模營業人？」

商號指的是以營利為目的的獨資或合夥事業，也稱行號。獨資的負責人或合夥的合夥人都要負無限責任，還記得我們在前面提到無限清償責任的時候是怎麼說的嗎？當獨資或合夥的事業有負債而還不出錢時，負責人或合夥人必須用自己的財產幫忙清償。我們把商號擺在本章最後說，正是因為商號有無限責任這個不令人推薦的先天缺點。

不管是獨資或合夥，商號沒有獨立的法人格，不是獨立的簽約主體，權利義務都還是會歸屬到出資的個人身上。而這個特性也間接影響到商號的課稅方式，商號在做完所得稅結算申報後，不需要獨立計算及繳納營利事業所得稅，而是將營利事業所得併入到獨資的負責人或合夥的合夥人的個人綜合所得，再由負責人或合夥人各自繳納個人綜合所得稅。

目前台灣的營利事業所得稅稅率是二〇%，分配到個人的股利可適用分離稅率二八%，但個人的綜合所得稅稅率直接高達四〇%，所以理論上有一種可能，就是當商號相當賺錢時，創業者使用商號的整體稅負跟成立公司相比不會差太多。

採用商號型態的事業很多，街頭巷尾的美睫美甲店、便當店、水電行、早餐店、設計工作室……等等，這些很多都是商號。但商號既然有上面講的這些缺點，為什麼大家還要選擇這種組織型態呢？

這是因為，當商號每個月的營業額低於新台幣二十萬元時，可以申請免用統一發票，並適用一%的營業稅率，這就是前面所說的「小規模營業人」。相較之下，不管股份有限公司或有限公司每個月的營業額有多少，營業稅稅率都是五%（有少數特殊行業會有不同的營業稅率，如保險業為一%、夜總會與有娛樂節目的餐飲店為一五%，但那與行業別有關，而不是因為選擇不同的組織型態所造成的），而且股份有限公司與有限公司都要用統一發票。

走在路上，你會看到有的商店店門口貼著「本店免用統一發票」的貼紙，那就一定是商號，而不會是公司了。

所以，當你覺得你每月的營業額應該都會在二十萬元內，選擇商號確實有其優勢。但是，你節省下來的營業稅稅務利益是否大於無限責任帶來的風險？這就因人而異了，你應該思考一下你事業的性質與可能的營運風險再做決定。本書接下來的討論都會假設你開的是「公司」而不是「商號」。

下頁圖表能幫助你快速理解組織型態。在介紹過基本的組織型態後，下個章節我們要來討論「錢」的議題，也就是股份。

■ 股份有限公司、有限公司、有限合夥、商號的比較

	股份有限公司	有限公司	有限合夥	商號
資本額	法律上都沒有最低限制			
股東人數	2 人以上*	1 人以上	1 個以上的普通合夥人 & 1 個以上的有限合夥人	獨資 1 人 合夥 2 人以上
股東責任	以出資額為限	以出資額為限	普通合夥人 （連帶無限清償責任） 有限合夥人 （以出資額為限）	連帶無限清償責任
營業稅稅率**	5%	5%	5%	5% 或（小規模營業人）1%
所得稅稅率	20%	20%	20%***	併入個人綜合所得稅

* 如為政府或法人股東，則只需 1 位股東。

** 特定行業另有適用之營業稅率，茲此不贅述。

*** 適用特殊稅務待遇，則盈利分配後併入合夥人所得課稅。

2 現實的難題——出資及股份設計

人生很難，談錢更難，對創業者來說，錢更是最現實的難題。在這一章，我們先談最一開始出資設立公司時，必須面對的法律技術問題，之後會在本書的第六課討論到募資。

資本額

設立股份有限公司時，你必須決定要投入多少錢，讓公司正常運作，這筆錢就是「資本額」。台灣法律並沒有規定股份有限公司最低的資本額要多少，因此理論上來說，用一元成立一間公司是有可能的。不過，放那麼少的錢，公司會很難運作，因此實際上絕大多數人在創業時，都會選擇多放一些錢。那麼，要投入多少錢才能讓公司「正常」運作呢？

■ 構成資本額的大致項目

初期資本支出（辦公室及廠房設備器材等）

6-12 個月營運資金

營運周轉金

安妮想開一間寵物鮮食公司，資本額試算：

	辦公室裝潢 30 萬
	機器設備 80 萬
(5 萬 X 6 個月)	6 個月租金 30 萬
(8 萬 X 6 個月)	人事費 48 萬
(2 萬 X 6 個月)	水電雜支 12 萬
+	營運周轉金 100 萬
	資本額 = 300 萬

一般來說，成立公司會有辦公室裝潢、購買機器設備、每個月會有水電、人事，以及各項雜七雜八的支出，如果是買賣業或製造業，還需要購買原料存貨。因此一般會建議，一開始至少以初期需要購買添置的辦公室裝潢設備、機器、廠房，以及廠房設備總金額[1]，加上六到十二個月所需的營運資金，再視行業特性增加一筆營運周轉金（以備不時之需），作為公司初期成立的資本金額。

我們舉個例子，假設你的朋友安妮想開一間寵物鮮食公司，估計需要的支出有：辦公室裝潢三十萬、機器設備八十萬、也需要一百萬的營運周轉金來購買食材，每個月需要付租金五萬、人事費八萬，以及水電雜支兩萬，這樣公司一開始設立時至少要有三百萬的資本。

發行股份

算出成立公司初期需要投入的資本額後，接下來你要面對的是，如何設計成股份有限公司要發行的股份？

1 即所謂的「資本支出」，意思是為了取得固定資產而支出的費用。

股份是股份有限公司的資本單位，或者更直白地說，是所有權單位。一家股份有限公司的資本可以分為很多股份，最小的單位就是一股。這樣講很模糊，舉例來說，一家股份有限公司的資本如果是一百萬元，分成十萬股，那麼就相當於這家公司的所有權細分為十萬個單位，只要擁有一股，就是這家股份有限公司的股東，就持有這家公司所有權的〇・〇〇一％。

股份如果印製成股票，會有一個票面金額，簡稱「面額」，例如，面額十元、面額一元、面額五元。「面額」乍看之下，會讓人以為就是股份的「價格」。實際不然，「面額」與股份的「發行價格」是兩個不同的概念，面額跟發行價格可以是不同的。

一樣以安妮的寵物鮮食公司為例。成立股份有限公司後，安妮發行面額新台幣一百元的股份，發行價格可以訂為一百元，也可以是二百元。假設你想向安妮的公司認購十股面額為一百元的股份，而股份是以一百元發行時，表示你必需支付一千元給安妮的公司。但倘若是以二百元發行時，你就必需支付兩千元給安妮的公司才能買到十股面額為一百元的股份。

在台灣現行的法律制度下，一般普通的股份有限公司如果發行面額股，發行價格不得低於面額，因此面額最大的意義對一家公司來說就是最低的發行價

面額10元時　300 萬元 除以 10 元 / 股 = 30 萬股

面額5元時　300 萬元 除以 5 元 / 股 = 60 萬股

格（或者講白話一點，就是股份的「最低售價」）。例如，如果股份的面額是五元，代表每一股的最低發行價格就是五元，如果有需要，公司可以將發行價格訂在五元以上，但是無論如何就是不能低於五元。

過去多數人習慣用十元來當股份面額，而設立公司時為了方便，一開始通常也只會採用約定俗成的最低發行價格，也就是十元。倘若採用這種傳統做法，如果一間股份有限公司規劃初期要準備三百萬元，那麼發起設立時就是發行三十萬股。但面額一定要是十元嗎？不一定，看你的需求。如果設定面額跟發行價格五元，這樣就是六十萬股（見上圖）。

要說明的是，由於過去很長一段時間，台灣法規對面額有較嚴格的規定，因此造成很多創業者設計股權或日後募資的困難。在千呼萬

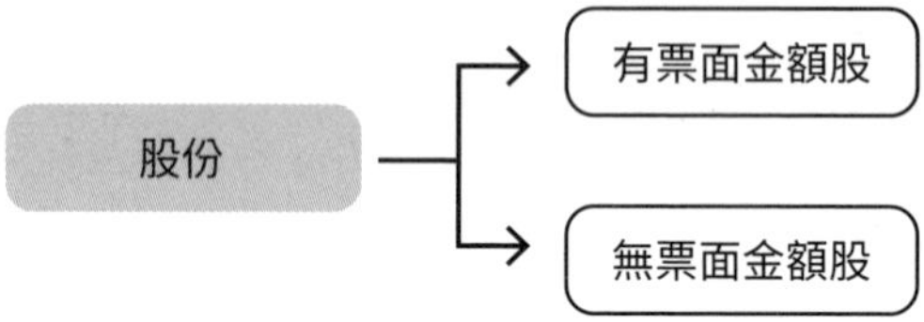

喚後，二〇一八年公司法大修，股份有限公司全面通過無面額股份制度，自此，股份有限公司可以發行無面額股份。當公司採用無面額股份，公司每發行一股，最低的發行價格是多少？法律規定不受限制，公司可以自行決定，這正是無面額股份的優點。

所以，小結一下，目前股份有限公司的股份可以分為兩種：有面額股份及無面額股份[2]。你想採用面額股，還是無面額股？面額要多少？發行價格是多少？對應出來初期設立時股份數要多少？這都是可以設計的。請參考你未來的資金需求等眾多因素，與律師好好討論。

低面額股份好處多

面額該如何設計？記住一個原則，採用低面額股或無面額股好處多。

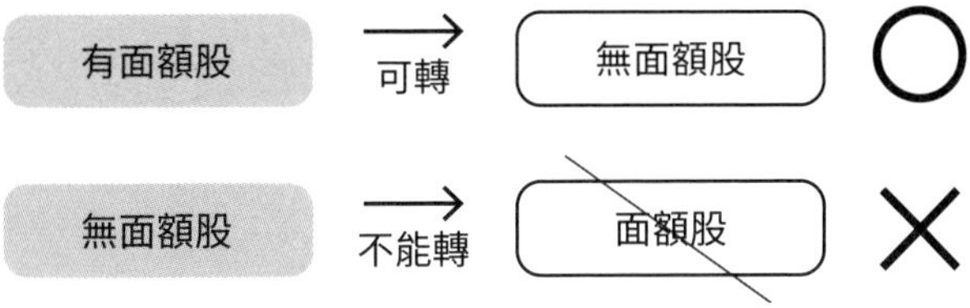

公司一開始設立時，對面額大小多半沒有感覺，但日後就會感受到面額的威力。例如你自己希望公司增發五十萬股給你來維持股權比例，當面額是十元時，那你就至少要再額外投入五百萬元，但哭爹喊娘那五百萬元就是不出現，這時你才發現，早些年那些新創業者跟政府吵著要低面額跟無面額股份是有原因的。

低面額股跟無面額股的優點在於降低最低的資本投入。例如無面額股，只要公司經過合法程序，五百萬股也有可能只需要付一千元就可買到。因此，低面額股跟無面額股比過去每股面額十元的作業習慣有很大的優勢，身為創業者的你應多加考慮。

不過，要注意的是，目前法律的規定是，一家公

2 這是以有無面額來分。股份如果以權利義務來分，可以分為普通股及特別股。這裡先說明面額的問題，至於普通股跟特別股的關係，我們會在第四章討論。

司的股份只能選定一種面額或無面額。如果一開始選的是面額股，但後來覺得不適合，面額股可以轉成無面額股，但無面額股就不能轉成面額股。

技術股是假議題

決定好公司一開始設立所需的資本額與股份面額，接下來要思考的是，你和你的投資人要用什麼出資？你或許會覺得疑惑，出資不就是拿出現金，不然還要拿什麼來換取股份？

要當股份有限公司的股東，最簡單的當然就是用現金出資，真金白銀數字明確好算。但除了現金外，目前法律上也允許股東以公司需要的財產或技術來出資。看到「技術」兩字，你可能會眼睛一亮：這就是傳說中的「技術股」嗎！可以不用出錢，就可以換得股份嗎？那我何必拿出辛苦儲蓄的存款，用技術入股不就好了嗎？

且慢，如果真的用技術出資來換取股份，你會很辛苦。有兩個問題你一定要先想清楚：

技術價值難以衡量：技術出資最先產生的問題是，你的技術究竟值多少價值？這不是你一個人說了算，為了要順利通過公司登記，公司可能需要找第三方機構出一份評價報告，這是一筆開銷，而且評價的結果不見得與你的期待相符。

可能要先繳一筆所得稅：第二，真的用技術入股，你要思考可能的稅務問題。在現行稅法規定下，技術入股的股東所取得的股票如果超過技術的成本，多出來的部分就會被當作是所得，要算入股東取得股票當年度的財產交易所得中申報所得稅。如果技術入股的股東是個人，那麼需要繳交個人綜合所得稅，目前稅率為五%到四〇%；如果技術入股的股東是公司，那麼會需要繳交營利事業所得稅，目前稅率為二〇%。結果會變成，公司還沒起步甚至還在燒錢虧損時，技術股東就必須先繳一筆所得稅。

當然，技術入股的課稅規定後來被大家猛烈批評，認為歧視新創不利留才，甚至造成一些可憐的稅災，因此後來產業創新條例進行修正，增加了「緩課」規定。如果技術符合產業創新條例所規定的條件，向政府申請通過的話，技術入股的股東可以選擇在取得股票當年度暫時不課稅，待日後公司股價上漲賣掉股票後，在賣掉股票的那一年再計入所得課稅。

只是，即使有緩課規定，這可能仍然是一筆不小的稅。而且要適用緩課規定，公司還要向政府提出申請通過才行，如果沒有申請或申請不通過的話，股東還是要乖乖繳稅，否則很可能在幾年後收到補稅通知。

聽起來這麼麻煩，那究竟誰在用技術入股？

實務上確實不多，因為根本不需要真的走技術入股。就連我自己處理過的多宗美國矽谷投資案，也沒有人真的在走技術入股。這時，前面所說的低面額股或無面額股就派上用場了。如果公司採用低面額股或無面額股，當你想邀請有技術的能人加入公司成為股東時，就可以輕鬆地讓這位技術股東取得股票。這樣做不但可免掉前面所提到的評價麻煩，而且處理得當的話，前面提到的課稅難題也可能不會發生。不過，因為低面額股與無面額股操作起來，還有一些其他的法律、稅務和商業問題需要考慮，因此會建議你在律師的專業建議下執行。

出資不實的責任

出資這件事，最後有一點一定要提醒你，台灣有關於不實出資的刑罰規定。

如果今天公司登記說有資本一百萬，但實際上你或你的投資人沒有真的出錢，或者登記後就將錢還給出資者，公司的負責人就有可能吃上刑事官司。過去，我們經常看到有些創業者遇到親友後悔出資，因為不了解法律規定，因此在公司登記完成後允許親友將錢拿回，導致自己日後吃上刑事官司，悔不當初。

（看到這裡，你有沒有發現漫畫中偉祺和芮儀做錯了什麼事？）

記得，公司資本可以小但不可以假，請務必留心。

3 正式闖關——公司設立流程

終於，你準備好人（股東、董事、監察人等等），也準備好錢，可以開始真的登記成立一間公司了。你當然可以自己跑流程，但建議請律師等專業人士幫你。自己跑流程雖然可以省錢，不過省下來的金錢可能很有限，過程卻會來回花掉你不少時間。相較之下，不如請專業人士幫你忙，比較不會出錯。

不過，就算是請律師等專業人士幫忙，我都建議你最好要大概了解公司設立登記的程序，除了能與律師的作業程序配合地更好外，這樣也能逐步建立起公司行政營運面的常識。坦白說，創業初期幾乎什麼都得靠自己，因此懂得愈多愈好，不要放棄每一個學習的機會。

接下來介紹的公司設立流程，同時適用股份有限公司及有限公司。

公司設立登記的每個步驟其實都牽涉到許多細節，如果全寫出來，對於還在建立觀念的你可能是個負擔。因此，我只挑一些重點特別說明：

公司設立登記流程

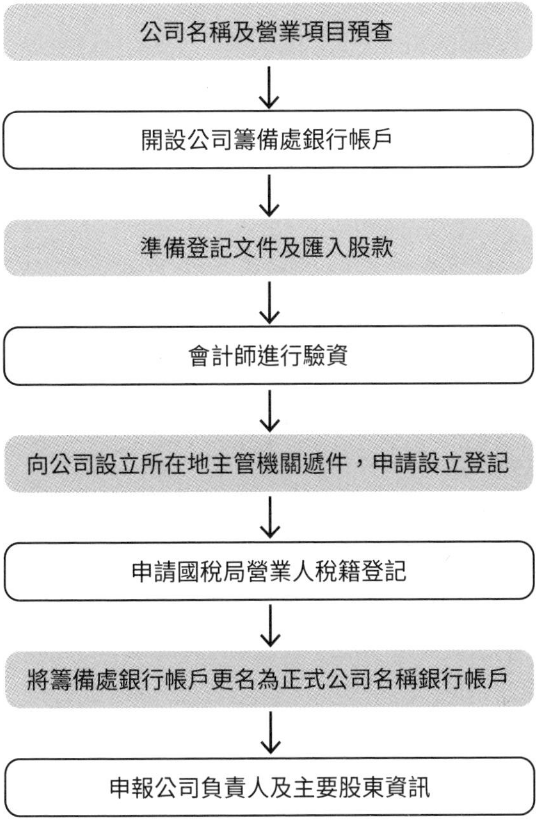
公司名稱及營業項目預查
開設公司籌備處銀行帳戶
準備登記文件及匯入股款
會計師進行驗資
向公司設立所在地主管機關遞件，申請設立登記
申請國稅局營業人稅籍登記
將籌備處銀行帳戶更名為正式公司名稱銀行帳戶
申報公司負責人及主要股東資訊

公司名稱及營業項目預查

要設立公司，首要之務當然是幫這家公司想好公司名稱及營業項目。當你在想公司名稱時，可以先上網搜尋看看，你設想的公司名稱在網路上會出現什麼樣的網頁，粗略判斷這個名稱是否有什麼特殊意義，或有什麼不當的聯想或形象。

接著，你可以上經濟部的「商工登記公示資料查詢服務」網站，查詢你想要登記的名稱是否有人使用。即便公司主要名稱一樣，只要公司名稱中有標明不同業務種類，或可以區別的文字，就會被認為是不相同的公司名稱。

如果你有能力時間，最好將想要的公司名稱做個商標檢索及網域名稱查詢，看看有無重複或近似的狀況。這是因為，多數的公司會以公司名稱出發，來設計公司的商標與決定網域名稱，如果最後才發現跟他人的商標與網域名稱過於近似、甚至相同，即使沒有法律上侵權問題，最後都有可能因為商業上的考量而被迫更名。因此，能一開始小心自然是最好。

想公司名稱時也要有創意，不要想搭他人名氣的順風車，試圖將著名商標當作是自己公司的名稱，即使現在能夠成功註冊，日後都會成為公司的法律風險。我們後面有一章會談到商標，看完後你會更有概念。

至於營業項目，依照台灣現在的法律，除非是特許事業（像銀行證券保險業、旅行社、當鋪、補習班、醫療器材販賣業……等），否則一般公司原則上可以做任何業務，不一定限於有登記的營業項目。但即使是這樣，一般都還是會建議依照你對公司的業務規劃來登記營業項目。如果你想經營的項目是特許事業，在公司登記前應先向政府相關單位申請，取得許可或執照才能設立，而且必須在公司章程裡寫清楚。例如，你想設立醫材通路公司，必須要跟直轄市或縣市政府的衛生局申請，想開立補習班就必須跟直轄市或縣市政府的教育局申請。哪些業務是特許事業，這些在經濟部的網站上都找得到。

當決定好公司名稱及營業項目後，請上「公司、商業及有限合夥一站式線上申請作業」網站，申請公司名稱及營業項目預查。預查這個程序不會很久，通常一到三天就會收到預查核定書。核定之後，你選定的公司名稱及相關的營業項目可以保留半年。

補充說明一下，這邊談的公司登記名稱預查，指的是公司的中文名稱預查。如果你想一併幫公司登記英文名稱，一個比較方便的做法是直接將英文名稱寫在「公司章程」及「公司設立登記表」這兩個公司設立登記所必須的文件上。

如果你的公司會有比較多國外的業務往來，其實可以一併登記英文名稱，省去外國客戶搞不清楚英文名稱跟中文名稱究竟是不是同一家公司的困擾。不過，為了避免你的公司英文名稱跟別人的台灣公司英文名稱有重複的情形，建議你在決定英文名稱前，可以上經濟部國貿局進出口廠商登記系統查詢看看，自己心儀的英文名稱是否已經被他人捷足先登。

開設公司籌備處銀行帳戶

拿到預查核定書後，你就可以帶著預查核定書到銀行申請開立公司籌備處銀行帳戶。至於開戶需要哪些文件，你可以向銀行詢問。

準備登記文件及匯入股款

申請成立公司，會需要一堆文件，包含申請書、公司章程及公司設立登記表等。你可以上經濟部商業司的網站，就會有應備文件的清單以及各項文件的範本。各項文件完備並用印後，最好能留底一份，以便日後查詢。

於準備文件的同時，你自己以及其他的股東可以將你們認購股份的股款，陸續地匯入籌備處帳戶。

會計師進行驗資

在台灣設立公司，還有俗稱的「驗資」這道程序。當你跟其他股東繳納股款完畢後，你會需要請會計師確認這些資金確實已經匯入公司戶頭。會計師確認無誤後，會出具資本額查核簽證報告書給你，這份文件就是俗稱的「驗資報告」。驗資報告，是公司設立登記的必備文件之一。

向公司設立所在地主管機關遞件，申請設立登記

當公司登記所需要的各種文件齊備後，接著就是將各項文件遞交至公司設立所在地的公司主管機關，申請設立登記。如果你的公司設在台北市，主管機關就是台北市商業處；公司設在高雄市，就是高雄市政府經濟發展局。準備文件的過程中，如果遇到不懂的地方，也可以打電話給主管機關詢問。

如果你的文件齊備，主管機關通常會在三到七個工作天通過設立登記。但如果文件缺漏或內容有問題，主管機關會要求補正，通過登記的時間就會拉長，因此如果能夠的話，最好還是事前找律師確認文件的完整性。如果你想知道申請設立案件進度，你可以隨時上「商工案件進度查詢」網站查詢。

在縣市政府主管機關通過你的公司設立登記案後，你會拿到公司設立核准函以及蓋上縣市政府公司登記專用章的公司設立登記表，更重要的是，你會**獲配一組統一編號（恭喜！）**。很多人開公司，最興奮的是拿到統一編號，有一種「升級」的感覺。就像每個國民都配有一個身分證字號，統一編號就相當於公司的「身分證字號」，用來確認公司的「身分」，同時方便政府管理。而公司設立登記表就好像公司的「身分證」，上面記載公司的基本資料、資本、股份數、最新的董監名單以及公司登記印鑑圖樣等資訊，所以請務必好好保存，不隨便外流。

申請國稅局營業人稅籍登記

取得公司設立核准函後，接著就是拿著公司設立登記通過的文件資料向國稅局申請稅籍登記。辦理稅籍登記後，你接著會需要申領統一發票，日後公司營業就要乖乖的使用統一發票，並且按照規定時程繳納營業稅及營利事業所得稅。

將籌備處銀行帳戶更名為正式公司名稱銀行帳戶

還記得之前開的帳戶是籌備處銀行帳戶嗎？既然現在公司已經設立登記完成了，你就可以開心地到銀行辦理更名，將籌備處銀行帳戶更名為公司正式名稱的帳戶了。至於更名需要哪些文件，你可以向銀行詢問。

申報公司負責人及主要股東資訊

公司在設立登記之後的十五日內，必須向「公司負責人及主要股東資訊申報平台」網站申報公司負責人（董事、監察人與經理人[1]）及主要股東（持有超過一〇%股份或出資額的股東）的資訊。如果未來這些資料有變動，公司必須

1 前面提過，經理人不是股份有限公司一定要設立的職位。但如果設立了這個職位，在執行職務範圍內，經理人也是公司的負責人，因此經理人有沒有持股？有持股是持有多少？也在申報範圍內。

要在變動後十五日申報。但如果沒有變動，公司僅需在每一年度三月一日至三月三十一日間向平台辦理年度申報。

到此為止，恭喜你，公司設立登記的工作目前已經告一段落。接下來，你要開始過關斬將，除了推動業務外，你還會需要設立勞健保單位、聘請員工、開始花錢記帳報稅……等，精彩的正要開始，我們後面會逐一介紹。

提醒：文件妥善保存

當你跨出這一步，開始申請設立登記公司時，要開始養成習慣：所有的公司申請文件都要留底歸檔，大小章要分開存放，日後公司所簽署的業務契約、董事會議記錄跟股東會議記錄等都要妥善保存分類等。雖然這些事情看起來都很簡單，不用叮嚀，但能真正做到的創業者很少，不少公司是七零八落，要什麼都找不到。縱然保存這些資料的工作有點繁瑣，甚至花時間，但這些就是你必須要具備的基本功，好好保存公司文件及印鑑是你邁向成功的第一步。

第二課

創業沒有後悔藥

公司架構及設立【進階】

下午茶的規則

這一課，你會學到——

- 特別股及閉鎖性股份有限公司
- 境外公司的優缺點
- 股東及董監的責任

偉祺公司「愛呷飽」的辦公室
公司設置流程
公司設置流程
午餐買回來囉！
做什麼那麼認真？
準備給律師的資料。
等一下表舅會帶我去找盈律師。

公司人員登記？
登記之前，我們要先準備提供股東、董事、監察人資料。
公司人員
蛤？認真說來，公司職員現在只有你吧？
only
股東會：公司最高權力機關
董事：
由股東會選舉產生，
決定公司政策
監察人：
由股東會選舉產生，
監察公司業務執行
經理人：
管理公司事務
基本的公司架構，就算股份有限公司只是所謂的一人公司也要有呢！
學姐妳呢？有沒有興趣也來當董事？
不要只借錢嘛～
……
……

才不要！
說好你的公司穩定下來我就把資金拿回來。
而且借錢的謝禮，我可一點也不會少拿！
……
冷靜點。沒有要勉強你……
所以，你現在身兼股東、董事長、總經理。
而你家表舅，除了是股東，還是公司的監察人囉？
的確是這樣！
表舅的車應該差不多要到了吧！
叭

嗨，偉祺！來接你去法律事務所啦！
芮儀小妹一起來吧！
?
why
律師也找妳喔！
贏家法律事務所
哇！真正的法律事務所欸。

有種豪華又嚴肅的感覺？
還是說，這就是專業氣場？
那叫氣派啦！中文很差欸！
叩叩
你們兩個，今天可不是來遠足的。
認真一點！
律師在會議室等你們了！
緊張——

Roger，好久不見。
偉祺和芮儀吧！初次見面，你們好。
都先入座吧！

律師果然很嚴肅！好兇的樣子。
啪
我怎麼又接Roger你的工作了？
疑？不是因為法律才兇？
想到要接你的工作就火大。
你是我遇過最爛的客戶！
要不是欠你人情
鬧失蹤，釣魚、釣魚！每次都是釣魚！殺了我吧！
聯絡不到羅先生！
不！授權金額今天就得決定！
在釣魚～
對不起……
我外甥他們很乖巧的！
你可以放心！
乖嗎？
我總感覺，有點壞啊？
幹嘛一直盯著我看？又不是我開公司？

偉祺和Roger所挹注的資本額應該沒有那麼多，剩下的都是小妹妳給的？
但Roger說妳沒有要投資？
是沒錯…
?!
哈哈哈
我沒有要真的投資公司啦，也沒興趣…
偉祺建立人與人聯繫的想法很好，我又有錢。
也就是說，等登記設立公司完成，妳就會把自己的錢拿回來？
是啊，就看他要搞多久？
這是義氣！
……
只可惜
這是違法。
不折不扣的出資不實。

正規的資本額登記，
投資人必須
真的繳納股款。
雖然你們真的
有繳納股款，
可是登記完成後將錢
轉回芮儀小妹的戶頭。
一樣違反公司法
第九條，可是有
刑事責任的！
碰
居然！
那我立刻
還學姐錢！
學弟，
等一下。
如果我真的投資下去，
成為公司股東…
是不是就可以了？
那我加入！
好。

哼，我加入偉祺的公司不過是掛名，我看好自己的錢就夠了！
我可是什麼都不想做。
學姐謝謝妳
沒想到妳願意一起創業……
泣
稍微做點事好了……
他也太感動
那這樣，芮儀小妹就正式成為股東之一。
不好意思打擾了。
叩

還有什麼問題趕快問吧？
退下—
律師的工作除了確保你們不違法，
還有讓你們熟悉有關公司的法律知識，並且能善用法律工具為自己的事業加分！
經營公司賺錢就像喝下午茶。
法律就是用餐的規則，熟悉了才不會被人趕出餐廳，還能讓下午茶盡興，更能交到朋友。
登記前，還有一個問題。
境外公司，律師您覺得可行嗎？

我聽說境外公司可以不用繳稅給政府……
對我們新公司來說，有很大的好處！
你的目的不只如此吧。
出問題可以不用負台灣的法律責任！
每個創業的新人幾乎都會問這個。
可是，境外公司才是王道的時代早過去了！
什麼！
沒錯
首先…

你必須開兩層結構，除了境外的總公司外，還得開境內的子公司或分公司……
等於還不知道事業做不做得起來，就先拉高成本。
而且，不管你的公司設在哪裡，在台灣違法的話，該負的責任還是要負……
做生意一開始就想著不負責任，這種心態無法讓你的公司長遠！
你應該想，如何經營才能減少問題。
拍拍
別哭喪著臉！

你的文件資料齊全…
資金和設立地址等等問題都有答案了。
等我們完成正式公司登記
你的新公司就成立了喔！
幾天後
偉祺公司辦公室

學弟！
你看你看！寄來了什麼！
？
嘡啦！
代表我們公司合法設立的…
核准函和設立登記表！
幸好有委託律師幫我們處理，一下子就跑完那麼繁瑣的程序。
剛好今天又有我們第一個重要業務！
好日子！
獲得第一個合作對象後，其他廠商也會更願意信任我們！
我出去接洽！

今天真是快樂的一天。
等接洽的廠商多了
說不定以後我們還可以自己研發食品！
新創公司的案子看起來很順利。
一開始設立工作總是最容易的！
之後一頭熱惹來的麻煩肯定會一樁接著一樁。
那也是青春的醍醐味嘛！

這一課的你會接觸到的法律

◆ 公司法

◆ 所得稅法

◆ 稅捐稽徵法

4 人即江湖——特別股與閉鎖性股份有限公司

依照目前台灣的法律，股份有限公司的資本，應切分為股份。在第二章曾提到，股票如果以權利義務來分，可分為普通股和特別股。如果一家公司沒有特別在公司章程規定有發行特別股，基本上就都是發行普通股。再次強調，公司「章程」相當於公司的「憲法」，是公司效力最高的自治規章文件，規範了公司組織、內部管理規則及董事會、股東會程序等事項。也因此，如果一家公司有發行特別股的話，必須特別在章程裡寫清楚特別股的條件、權利及義務。

普通股是構成股份有限公司資本最基本的股份。股東持有的每一股普通股權利義務都是平等的。因此當公司賺錢發股利時，每一股普通股能領取的股利都是一樣的，當公司做不下去要解散時，每一股普通股所能分配到的賸餘財產與分配順位也是一樣的。在股東會上如果要表決議案時，每一股普通股在股東會上有一個表決權，所以持有較多股數的股東在股東會上就佔優勢，能夠影響公司的決策跟走向。

有人的地方就有江湖。身為創業者的你或者是你的投資人，可能就是不甘於「普通」，這時候，可以考慮發特別股來當解方。

什麼是特別股？

權利內容和普通股不同的股份就是特別股。所謂「不同」，權利上可能較普通股有利、不利甚至是部分有利、部分不利，端看設計。例如，特別股可以是優先被分派股利，或者在公司解散時晚於普通股拿回賸餘財產，這都有可能。

特別股能在什麼事項做特別的設計呢？法律上的特別股，可以在下面這些事項有不同於普通股的權利。

- 領取股利之順序及比例。
- 分派公司賸餘財產之順序及比例。
- 行使表決權之順序、限制，甚至是沒有表決權。
- 有複數表決權或對於特定事項具否決權。

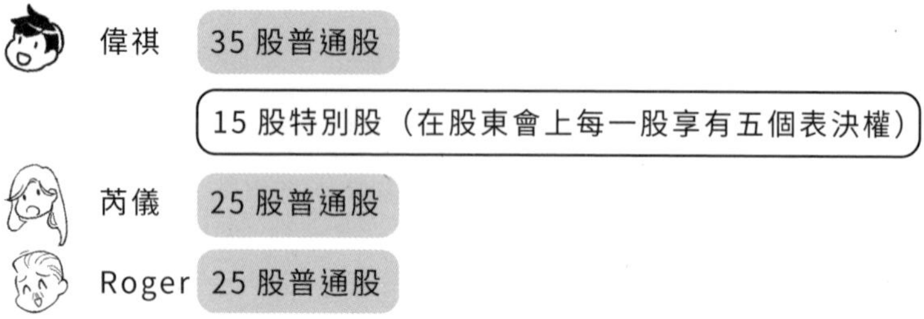

■ 被選舉為董監的禁止或限制，或當選一定席次董事的權利。

■ 轉讓限制。

當股東愈來愈多時，股東彼此之間的關係也愈來愈複雜。如果公司在外面找投資人，第一個要想的是這個投資人會拿走多少的股份，佔多少股權。如果投資人要求的股權比例過高，你又不想修正自己的資金需求少拿錢，這時候就可以考慮透過普通股及特別股的不同權利設計，來平衡自己與投資人的利益。至於適合你的特別股究竟是要在哪些事項不同於普通股？要有多不同？這完全因人而異，沒有一定的答案。

例如，如果你的投資人跟其他的股東可以接受，你可以設計公司發複數表決權特別股給你自己，讓你在公司股東會表決議案時擁有優勢。以漫畫裡的愛呷飽公司偉祺、芮儀與表舅 Roger 為例，假設三人的

全體表決權：35×1+15×5+25×1+25×1 =160

偉祺的表決權：35×1+15×5 =110（過半數，勝！）

股份數目及組成分別是：偉祺持有三十五股普通股、十五股可享有每股五個投票權的特別股，而芮儀與 Roger 分別各持有二十五股普通股。

此時股東會上有一個議案，內容是全面提前改選董事及監察人。就算芮儀跟 Roger 在股東會上都投票反對這個議案，但因為偉祺有一股五權的特別股，他在股東會上一個人就可以憑藉著表決權過半數將議案通過。

當然，如果投資人跟其他股東不能接受給你複數表決權特別股，你可以再想別條路，再設計出在其他事項上有不同權利的特別股，例如僅在某些特定事項有否決權的特別股或能當選一定席次董事的特別股。特別股的設計千變萬化，端看投資人跟你的需求是什麼，只要你願意花時間跟律師討論，你會發覺特別股根本是個神兵利器。

請記得，不管怎麼設計特別股，做生意講求互利，你在思考自己與其他股東投資人之間的關係時，還是要有平等互利的精神。過去，我們經常看到創業者因為不懂得保護自己、不懂得計算股權及估值，吃了大悶虧，辛苦創業卻淪為投資人的打工仔，因此後來許多律師專家導師都跳出來，努力教創業者如何保護自己。但有點像鐘擺擺盪一樣，這兩年我也開始看到，少部分的創業者學會太多防身術，極力防範投資人，希望投資人給大把的錢，卻只想給予少少的權利，堅持不合理的股權條件。過猶不及都不健康，找出你與投資人的平衡點是長久的功課。

什麼是閉鎖性股份有限公司？

前面講到特別股，你有沒有注意到特別股可以約定轉讓的限制？這背後隱含的意思是說，在台灣法律下，普通股是自由流通，公司不能用章程限制轉讓普通股，但如果是特別股，就可以在章程約定轉讓限制。

對很多創業者來說，即使公司只有普通股，你可能還是希望股東不要隨便轉讓股份。曾有新創業者跟我說，沒有經過公司同意就隨便轉讓股份，這可是觸犯了新創圈的「天條」。其實，當公司規模不大、還在發展階段的時候，股東轉讓股份的機率不高，但如果創業者還是希望降低股東轉讓股份的可能性，那要怎麼做？

股份有限公司其實還可以細分出一種亞型：閉鎖性股份有限公司。閉鎖性股份有限公司既然是股份有限公司的一種，股份有限公司的特性它都有，只是閉鎖性股份有限公司還多了一點點不同的規定，以下挑選幾項來說明：

股份轉讓限制及股東人數五十人上限：首先，閉鎖性股份有限公司一定要在章程規定股份轉讓限制，且股東人數不能超過五十人。所以，如果你預期你的事業不會常常需要增加股東，而且你重視股東組成的安定性，這時候或許就應該考慮設置成閉鎖性股份有限公司。能在章程限制轉讓這一點是很不得了的，有些家族企業的投資控股公司設成閉鎖性股份有限公司，就是看上這一點。

股東會可書面決議而不實際開會：股份有限公司至少每年都需要開一次股東會，將公司的財務報表及盈餘分派或虧損撥補之議案提交股東會討論。為了召開股東會，公司必須事前就將會議通知及相關資料寄送給股東，股東會當日再由各個股東出席，逐一表決議案，這些過程都是成本。然而，閉鎖性股份有限公司可以有不同做法。閉鎖性公司章程可以規定，只要全體股東同意，股東可以用書面方式表決議案，而不用實際開股東會，因此節省公司股東會作業的壓力跟成本。

允許勞務出資：閉鎖性股份有限公司還有一個特點：允許股東以勞務出資入股，但這個特點的實用性並不高。如同第二章提到的技術入股問題，要怎麼計算你的勞務價值？相當困難。而且用勞務出資取得股權，可能被認定是個人所得，產生所得稅問題，因此實務上很少用勞務讓創業者或投資人出資。

談到閉鎖性股份有限公司，我總會覺得有點遺憾。因為閉鎖性股份有限公司在二〇一五年推出時，其實是個轟天裂地的開創設計，有很多的優點，但因為多數創業者與投資人都不熟悉，甚至害怕「閉鎖」兩個字，以致於推出後在創業圈內普及程度不如預期地高，反倒是家族控股公司或家族企業辦公室比較勇於嘗試這個新架構。

所幸，二〇一八年修法之後，一般的股份有限公司增加許多彈性，與閉鎖性股份有限公司的差距大幅縮小，可以說，閉鎖性股份有限公司的出現推動了股份有限公司的進化。而公司法一連串的演化最終帶來正向的改變，這兩年投資人對閉鎖性股份有限公司的接受度似乎比以前要來得高，實是令人欣見的發展。

5 避免小孩玩大車——境外公司

「境外公司」這個詞，其實沒有精準的定義。這裡講的境外公司，指的是在稅率較低甚至是零稅率的司法管轄區設立的外國公司。台灣比較常見到的境外公司司法管轄區有開曼群島、英屬維京群島、美國德拉瓦州、新加坡、香港、百慕達、薩摩亞、塞席爾、曼島及馬紹爾群島等。

因為你人在台灣，因此如果想將事業設成境外公司，經常會演變成兩層架構，也就是台灣的實體你還是得設，是真正的營運主體，只是在台灣公司上面再多設一個境外公司當母公司或總公司。

創業者會採用境外公司下轄台灣公司這種兩層架構，可能的原因很多。第一個常見的原因，是境外公司的公司法制度比較有彈性。過去，台灣的法律不允許低面額股與無面額股，特別股能做的變化也比較少，甚至有可能不承認股東針對股東會投票所簽署的契約，基於以上種種原因，我們確實看到不少新創

■ 台灣常見的境外公司兩層架構

A: 股東—境外母公司—台灣子公司	B: 股東—境外總公司—台灣分公司
 境外母公司　台灣子公司	台灣分公司  境外總公司
A 的情形，台灣子公司跟境外公司各自是獨立的法律實體，有隔離法律及債務風險的優勢。也就是說，台灣子公司要是面臨重大的賠償責任或欠下巨額債務等類似情況，通常也不會影響境外公司。	B 的情形，分公司沒有獨立法人格，因此台灣分公司的債務都會歸屬到境外公司身上。但分公司在台灣稅法下因為沒有未分配盈餘稅*，盈餘匯回境外公司時也不需要像子公司匯出股利所得需要扣繳所得稅（現行扣繳稅率二一%），因此這種架構有稅務的優勢。

* 為避免公司繳完稅之後明明有盈餘卻保留在公司帳上而不分配給股東，台灣稅法因此規定，企業如有未分配盈餘，應針對該未分配盈餘加徵五%的營利事業所得稅，通稱為未分配盈餘稅。

公司出逃境外，採用上述的兩層架構。

另一個原因則是稅務考量。因為這些境外公司的司法管轄區通常規定境外所得免稅，因此台灣的子公司或分公司將盈餘匯到境外公司後，就無須在當地繳稅。如果境外公司一直不分配盈餘給個人的話，境外公司跟個人股東通常都不會發生額外的稅負。即使日後境外公司決定將盈餘分配給個人，在台灣稅法下，個人的海外所得適用〈所得稅基本稅額條例〉在新台幣六百七十萬元以內不課稅，超過的部分則是適用二〇%的稅率計算。相較之下，如果是從台灣公司配得股利，個人的股利單獨課稅是二八%。對個人來說，顯然境外公司有節稅優勢。

聽起來好處很多。那要不要設境外公司？倒也不一定。

首先，自二〇一八年台灣的公司法大修後，台灣的股份有限公司變得比從前彈性很多，雖不能說是盡善盡美，但已經能滿足大部分創業者的需求。甚至只要懂得設計架構，想要將矽谷常見的特別股投資架構，架在台灣的股份有限公司上也沒問題。因此，你不一定要往境外走。同時，近幾年全球掀起反避稅風潮，有些國外投資人對境外公司抱持疑慮，相較之下，台灣公司還比較能獲得青睞。

再者，如果公司賺大錢，境外公司或許才會有節稅優勢，但公司初期虧損的可能性很高，就算有賺錢，通常也要留做公司再擴充之用。因此，架設境外公司的稅務利益通常不會馬上顯現，但創業者卻要立即承受兩層架構的登記管理成本。

另外，目前許多國家包括台灣都希望能對境外公司課稅，紛紛考慮針對境外公司採用新的課稅政策，這些制度跟政策如果全部實行，未來境外公司是否還有稅務優勢也是未定之數。

境外公司也有不少的缺點。例如法律配套文件難度拉高，有些問題你必須找境外律師協助。公司沒事時，你會覺得人生很美好，但當公司發生股權糾紛，因事涉境外法律及管轄權，你就會從天堂掉入地獄，要解決這些糾紛將曠日費時。另外，有的創業者不夠嫻熟境外公司架構，導致公司重要文件七零八落，抑或在向投資人募資時顯得一無所知，也會留給投資人「小孩玩大車」的不好印象。如果坐下來細細思考，會發現很多創業者不需要也不適合境外公司。

沒有永遠最好，只有當下最好

這句話不是心靈雞湯，是對創業者的真心建議。一開始設立公司時，用心的創業者都想一次把公司架構做對，這想法很好。只是公司未來的營運狀況及規模，沒人說得準，很難說有一套架構可以從頭到尾都是最佳選擇。要不要設境外公司這件事，真的沒有標準答案。創業初期如果想走穩健路線，也可選擇先在台灣設立公司，未來等設立境外公司的需求浮現時，再架設重組也不遲。

其實，我在寫這本書時很猶豫要不要講境外公司。從我當律師開始，就經常性地接觸境外公司，深覺境外公司的公司制度比台灣彈性太多，實在是「功能強大」，因此過去客戶想要用境外公司架構我都是樂觀其成。但過去這幾年，我常常看到許多創業者對境外公司有著錯誤觀念。許多創業者有一種「境外公司就是潮」的迷思，忽略自己根本不適合或不會操作境外公司，結果是未蒙其利先受其害。

國內的創業者想設境外公司的原因很多，但通常都與節稅有關。創業者在決定公司架構時，稅負應該只是眾多考量的因素之一，但我發覺許多創業者幾乎都只考慮節稅。撇開在反避稅的國際立法趨勢下，設立境外公司還有多少優勢不談，創業初期面臨的是生存問題：產品能否為市場接受、營運是否能獲得資金支持等，這些更至關緊要，繳稅多寡往往是好幾年後才碰到的問題。從設立開始就想著節稅，有如嬰兒還未懂得爬、父母就急著買鞋，短期內你真的用不到。

不是說境外公司不好，而是境外公司不一定比較好。你究竟需不需要設立境外公司，請仔細評量公司未來的業務，持平思考。有間境外公司或許讓你聽起來很炫，但那真的不是賺錢或省錢的保證。

最後，我要提醒你一點：一旦你設境外公司，又要在台灣營業，請務必在台灣設立分公司或子公司，然後用分公司或子公司名義營業。如果兩者都沒有，直接用境外公司在台灣營業，這可是違反台灣目前的公司法規定，可能會有刑事責任及民事責任喔。

6 我在哪？我是誰？——股東及董監責任

要開公司，通常需要找人跟你合股，也需要找人擔任董事或監察人。當你找別人合作時，如果對方對公司運作的事情不是太熟，通常就會問你：「我要做什麼？我會有什麼責任？」就算別人沒這麼問，為了保護自己，你也應該了解當股東跟負責人會有什麼義務跟責任。

股東

當股東比較單純，前面幾章有提到，不管是設立股份有限公司，還是有限公司，股東都是負有限責任，因此當股東履行完出資義務，之後就沒有額外的責任，就算公司倒債了、垮了、出現什麼造假行為，或商品有重大問題，只要股東沒有參與公司業務的經營，就沒有責任。

雖然我們這本書的討論以股份有限公司為主，但是在談股東責任時，我必須要提醒你一個與有限公司有關的例外情形，就是當「有限公司」進行清算又欠稅的時候，股東經常會受到波及。實務上發生悲劇的次數還不算少，因此特別提出來提醒你。

當一間公司要解散時，需要結算債權債務關係，整理資產與負債，然後報稅與繳稅，如果最後還有剩餘的錢應該要還給股東，這整個過程在法律上稱為「清算」，負責執行清算工作的人則稱為「清算人」。如果這家要解散的公司剛好有欠稅，而且欠稅金額達到標準時，國稅局可能會祭出「限制清算人出境」的手段，來達到追稅的目的。

目前公司可能會被限制出境的欠稅金額門檻是兩百萬元，你可能會想，能欠稅兩百萬，肯定是大公司吧。其實不然，有的中小企業一開始只是因為報稅上的一個疏漏錯誤，被連補帶罰，後續又經營不善，沒能好好處理稅務申報，導致欠稅金額愈滾愈大，因此不要覺得這是特例，在實務上經常聽聞。

那麼，誰會是清算人？如果股東沒有另外選任的話，有限公司會以全體股東為清算人。是的，每一位股東。不管這個股東平時有沒有參與公司經營。有不少有限公司的股東不清楚公司清算後，自己會自動變成清算人，被限制出境時還一頭霧水，等到搞懂原因後都會覺得非常冤枉，畢竟自己又沒有參與公司業務的經營，為什麼會被欠稅這件事情牽連？而且發生這種情況，後續會需要花不少時間處理，雖然說只是限制出境，目的在促使清算人努力繳清公司欠稅而已，除非清算人有違法清算的問題，否則不會對清算人個人的財產執行，但是光是限制出境這點就已經夠讓人不愉快了。因此，如果你採用的是有限公司架構，清算時如果不想把所有股東牽扯進來，就應該要提醒股東另選清算人。

董事

成立公司之後，還得要有人運作公司。股份有限公司的負責人是董事，而且董事不需要是股東。在股份有限公司的架構下，股東負責出錢，董事則是透過董事會執行公司業務，並且進行各項決策，所以董事當然負有較大的義務跟風險。

原則上，公司是一個獨立的法人，公司如果有什麼債務跟責任，都是由公司承擔，並不會危及董事個人的財產。但是，當董事在履行職務過程中有什麼違反法令的行為或疏忽，董事可能就會有個人責任。

董事個人的責任，可以分成對外，與對公司內兩部分來理解。

對外

在對外的部分，**當公司董事在執行公司業務的時候觸犯法令，造成他人受到損害時**，董事應該與公司一起負連帶賠償責任。這種情形在實務上經常發生，一種典型是智慧財產權的侵權賠償責任訴訟，例如，公司沒有經過著作權人的同意，就擅自將別人創作的插畫製作成各種商品。如果著作權人提出損害賠償請求，此時不只是公司有責任賠償，執行這項業務的董事也有責任。又或者，假如建設公司的董事為了節省成本，不按照建築技術規則的要求施工或監工，導致大樓倒塌，住戶因此所承受的損失，董事也應與公司負連帶賠償責任。

因此，即使成立了公司，創業者千萬不要以為個人從此成為金剛不壞之身，擔任董事執行業務時，仍必須一切小心，不違反法令，才能避免落入連帶賠償的窘境。

對內

有兩種情況，董事必須對公司負損害賠償責任。

違反法令、公司章程，或股東會決議：如果董事會在執行業務的時候，違反法令、公司章程或股東會的決議，導致公司發生損害的話，參與決議之董事是必須負擔起損害賠償的。前面有提到，如果董事違反法令導致公司以外的人受損，此時董事必須與公司一同負責對外賠償，而在公司及董事連帶對外賠償完畢後，公司可回頭過來向違反法令的董事請求賠償，畢竟說到底，公司不是個真人，責任歸屬最終會落到做出決定的真人，也就是董事。假設你是應朋友邀請擔任其他家公司的董事，也要記得，一旦覺得董事會的決議有可能違法，務必要問清楚並且表示異議，而且記得必須要求記載在董事會議事錄或其他相關書面文件裡，這樣萬一公司不小心違反法令了，你才有證據可幫助自己免除責任。

違反「忠實義務」或「注意義務」：董事在執行職務時，難免會有機會讓自己或特定人拿到好處，這種時候，董事應該把公司利益當作最重要的事，這在法律上稱為「忠實義務」。「忠實義務」是一個相當重要的概念，因為目前法律從忠實義務推導出許多對董事的具體行為要求。例如，公司法規定，董事是不可以與公司進行商業競爭的行為。如果董事打算做的事情跟公司有競爭關係，屬於公司營業範圍內的行為，那麼不管董事是為了自己還是別人來做這件事，都應該向股東會說明，並取得股東會許可。在實務上，經常可以看到董事沒有經過股東同意，使用公司的資源，但卻另外以個人名義接單，而這些訂單本來都屬於公司營業的範圍，這樣的行為通常就會被認為是違反忠實義務。又例如，公司法也有規定，某一項董事會議案如果跟某位董事自身有利害關係的話，那麼這位董事應該向董事會揭露利害關係，而且不得行使該議案之表決權，這也是一種由忠實義務所衍生出來的董事行為規範。董事與公司間可能發生利益衝突而引發忠實義務疑慮的情況還有很多種，在擔任董事期間只要有疑問，最好就立即請教律師。

另外還要留心「注意義務」，注意義務指的是董事執行業務時應注意的程度。法律上對董事的注意程度要求相當高，作為董事，應該要有意識地提高注意程度。例如，如果要做一項投資，一般人可能就問問親朋好友，上網找資料，接著就會做出決定。但董事就不能這樣，當一間公司考慮要做某些投資時，理當說來董事事前就應該要搜集完整的資料，從各方面分析這項投資對公司的業務、財務、社會形象及利害關係人有什麼影響，並且聘請相關產業及財會領域專家評估，務求公司在得到充分資訊的情況下再做是否投資的決定。如果公司在沒有充分資訊的情況下就做出決定，日後投資出現什麼重大負面發展，董事就有可能被追究當初是否有違反注意義務的地方。

如果董事違反忠實義務或注意義務，導致公司真的受有損害時，董事需要對公司負損害賠償責任，而且董事因此獲得的利益，股東會也可以決議要求董事返還給公司。當董事違反忠實義務或注意義務時，嚴重的情況甚至可能會構成刑事犯罪，也因此我在這裡耳提面命，提醒創業者不可不慎。

監察人責任

上面所說的董事責任，同樣也可以套用在監察人身上。

監察人主要的工作是監督公司業務的執行，有權力隨時調查公司業務與財務狀況，查核公司的各種簿冊文件。當董事會執行業務違反法令或股東會決議時，監察人應該要即通知董事會停止行為。

雖然監察人的權力相當大，但實務上許多監察人都沒有發揮應有的功能，導致監察人往往也沒有意識到自己也對公司負有責任。依照法律規定，公司的監察人在執行職務範圍內也是公司負責人。因此在對外的部分，當公司監察人在執行職務時，有違反法令導致他人受有損害，監察人也必須與公司一起負連帶賠償責任；在對內的部分，監察人對公司也負有忠實義務及注意義務，違反了一樣得賠償公司。

講到這，你會不會覺得創業真不容易，當董監竟然也有一堆責任？談這些的目的，不是要嚇唬你，而是要幫你建立起正確的法律觀念及素養。首先，擔任公司的董事監察人，履行職務時務必小心謹慎，如果過程中違法，個人也是需要跟公司一起負責的。再者，公司不是你個人的財產，即使你是公司的創辦人也一樣。公司是屬於股東的，身為董監，你對股東有責任有義務。能夠趁早建立起這兩個觀念，你才不會在關鍵時刻因為過於「天真」而做出錯誤的決策。

第三課

錢錢跑來跑去

稅務與財務

政府搶錢？！

這一課，你會學到——

- 營業稅及營利事業所得稅
- 所得稅扣繳及健保補充保費代扣
- 關於財報的基本觀念

一間位於辦公大樓內的新創小電商公司。
最近剛剛登記完成，成為合法公司。
業務一切順利。要說最近他面臨到什麼問題嗎……？
？
這到底在說什麼…？
已匯款五萬辦公室房租，請房東確認。
已讀
實收到五萬的房租了！下次要記得要扣除扣繳稅金和二代健保費喔。

很多新創公司第一次租下月租金兩萬元以上的辦公室時，都會不知道要處理這件事。
但這可是法令規定呢。
不處理的話，政府還會有罰款！
你多吃點啊？特地約在咖啡廳就是要吃啊！
我吃飽了……
真是小鳥胃呢！
是您吃太多！
盈律師！還是一樣那麼能吃啊！

跟你介紹一下。
店長也是自己創業當老闆開咖啡廳喔！
你好…
機會難得，店長分享一下你的國稅局慘劇吧！
大概才上個月的事情…

三年來都有依照規定好好繳稅，店面也一直經營得很順利。
忽然就收到國稅局的公文。
說因為我租店面沒扣繳二〇%房租稅金，要我連補帶罰繳好幾萬元！
這太莫名其妙了？
政府搶錢！
對啊！
只好馬上打電話問律師是怎麼回事…
這是因為台灣有所謂的扣繳制度。

國稅局為了更清楚掌握所得資料，規定公司在支付特定類別的費用給個人時，
公司要先幫忙「扣一些錢起來」，預繳房東個人所得稅給政府。
扣10%稅額
扣繳義務人（房客）
國稅局
查核是否如實繳稅房東多退少補
房東
超過兩萬元的房租，都要扣繳一〇%！（稅務居民）
一般較大的公司會有專門的會計負責。
但是，小公司就常常忽略掉，等到國稅局注意到的時候，往往就麻煩了……
？
時間不會因為國稅局暫時沒發現就停滯不前……
緊張

累積下來一口氣可能是連補帶罰！
這時候就算哭政府搶錢也沒用呢！
就算不是故意的，但畢竟還是違規在先。
這位店長就是最好的例子！
知道扣繳規定後，居然先把扣繳的錢，買什麼爬蟲類模型！
是哥○拉啦！
但他也真的是很大膽……
懂！那個我也有買！

我們來交換LINE！
好啊！我是安安小蜥蜴～
打擾你們宅宅之間的交流……
在支付租金後，下個月的十日前，到國稅局網站上列印相關繳稅單。
便可以把錢繳給政府。
隔年一月底前完成「扣繳申報」，不然還是要罰！
不可以拿去買模型！
好…對不起…

吃得好飽！
偉祺，你知道什麼是二代健保嗎？
？
看醫生很便宜的制度！
看來什麼都不知道。
除了剛剛提到的所得費扣繳外，租金也有健保費要繳喔。
健保費不是依照個人的薪資所得級距計算嗎？
？

沒有工作過，錢都是家裡給
如果只是這樣，政府就無法對芮儀小妹多收一點健保費了！
內心感覺好不公平啊。
對吧？
因此，健保局決定針對非薪資所得也來收一點健保費。
房租就是其中一項，也就是所謂的二代健保補充保費！
跟扣繳房租的稅金一樣，公司要先幫房東代扣嗎？
對，透過二代健保作業專區，在次月底前將扣取的保險費繳給健保署，就可以了。
衛生福利部
中央健康保險署
二
[redacted]
投保單位及扣費單位
拿去買模型，是違法喔。
不會像店長人那麼皮的，還有學姐緊盯著我呢！

芮儀會緊盯啊……
原來如此。
偉祺，你看。
不少人都還戴著口罩呢。
疫情看來還要一陣子！
我覺得你很有理想。
你會想在這種時候和朋友一起創業。
現在是後疫情時代，雖然充滿各種不確定性，但相對也充滿機會，
其實疫情持續到現在，國內新創募資的情況並不差。
絕處逢生啊！
你是看到這個機會嗎？

這個世界，現在正是需加速成長的時候…
而且…
我相信危機會創造需求！
只要我們能回應那個需求，就一定能成功。
危機就是轉機嗎？
我喜歡你的自信。
那我更好奇了。
你怎麼會邀請芮儀一起創業呢？
讓人很擔心的組合啊？

她起初對創業沒有什麼意願？
你也是知道的吧？
她雖然有錢，但沒有工作經驗。
你有思考過，如果你們兩個未來理念不合，要怎麼處理嗎？
說不定最後會創業不成，反而分道揚鑣喔！
這是常有的事
我想…

人和人之間要聯繫在一起，才會有力量！
而且芮儀學姐是個很棒的合作對象。
……
她是我看過最謹慎的人！看到房東訊息時我本來還想放著不管…
但她堅持一定要我問律師。
雖然表面上總是拒絕，但只要做事就會比誰都認真。
吵架也不要緊，我們一定也能好好取得共識！

看來暫時不用太擔心你們……
有空我們可以多聊聊。
好的！謝謝律師。
說到這個，你知不知道芮儀最近也有找我問事情？
不曉得……
是勞健保有關的事情喔。猜猜？
偉祺公司辦公室

誒誒誒誒！
律師居然跟你講了！
為什麼要瞞著我呢？
工作太累，想要招募一個新人當助理又不是什麼丟臉的事情……
我才沒有太累，業務也跑得很順利。
想招募新人是因為…

我不會用EXCEL…
誒？
而且我打字一定要看著鍵盤一顆一顆慢慢按……
哈哈哈哈哈哈！那我們真的需要一個助理欸！！
你怎麼在電腦時代活下來的？
平板啊！
少囉唆！臭宅男！
來研究怎麼請人啦！律師說要注意公司和員工之間的勞動契約。

這一課的你會接觸到的法律

- 加值型及非加值型營業稅法
- 所得稅法

7 逃避可恥，而且沒用——營業稅及營利事業所得稅

應該不會有人喜歡繳稅，我想創業者也不例外。但開公司就是必須面對這件事，如果因為不喜歡而逃避，往往得不償失。我經常看到許多創業者因為不把稅放在心上，結果太晚或忘記報稅，被要求連補帶罰，實在划不來。

你也不用真的成為稅法專家，請先掌握一個前提，作為國民，你有繳稅的義務，公司作為法人，當然也有報稅繳稅的義務，只是公司業務比個人複雜得多，因此實際的報稅作業千變萬化、複雜萬千，本章先幫你理清主要觀念，你可以請專業人士幫忙。

一般公司會遇到的稅，主要有兩種：「營業稅」與「營利事業所得稅」。創業初期，稅是最容易忽略的成本，你應該對稅有初步認識，才能在定價策略與財務規劃上預作準備。

營業稅

營業稅一般是五％，每逢單月申報一次。

不管你的貨物或服務是在國內生產，還是從國外進口，只要是在台灣境內販售，就都要課徵營業稅。（外銷則不同，因為我們的政府鼓勵外銷，只要符合條件，營業稅稅率為零。）

這樣聽起來，營業稅好像是有營業才有稅，是針對營利事業的營業所課的稅。但這麼理解是錯的，營業稅是一種消費稅，課徵對象其實是消費者，只是消費者這麼多、散布各地，政府沒有辦法直接向消費者收取，所以由企業代收。當一家公司銷售商品或服務時，商品或服務的售價要內含消費者應付的營業稅，收取後由公司申報繳交給政府，這樣你應該就能理解，為什麼應該把稅視為成本之一。

我在大學時期第一次學到「營業稅」其實是消費稅時，也很驚訝，原來「張飛」是「岳飛」啊！你可能還記得，政府之前有一陣子在宣傳，如果民眾向國外網購達一定金額，也要繳交關稅及營業稅，這正是因為營業稅是一種消費稅，所以當賣家是國外公司不會幫台灣政府代收代付時，當然就由政府直接向人民收了。

很多創業者在決定商品或服務的售價時，沒有把這五%算進去。一旦你正確理解營業稅代收代付的性質，你就會知道，每當賣出一百元商品，其中有五元不是你的，最後要上繳國庫。這樣你或許就能比較坦然面對營業稅（好吧，可能還是會覺得討厭）。請注意，公司銷售商品或服務的定價要直接內含營業稅，實務上常常看到有很多公司為了讓售價聽起來比較「漂亮」、「有吸引力」，標示的價格不含營業稅，消費者購買時才外加五%營業稅，國稅局是有權對這種做法開罰的。

營業稅是兩個月報繳一次，公司必須在單月的十五日以前報繳前兩個月的銷售額與應繳納（或溢付）的營業稅稅額。請注意，公司不管究竟有沒有營業額，只要沒有停業，就都要申報營業稅。我們經常看到許多公司碰到困難，沒有正常營業，但也沒有辦理停業，結果後續忘記要在時間內申報營業稅，而被國稅局裁罰。

如何計算營業稅？

創業者必須建立起一個觀念：營業稅的計算上，「進項稅額」可抵「銷項稅額」。這是什麼意思？

一般公司會面臨到的營業稅，全名是「加值型營業稅」。假設公司賣的是自製戚風蛋糕好了，公司買入奶油麵粉後，再製作成蛋糕出售，公司真正創造價值的部分是將麵粉奶油加工成蛋糕的這一段過程。也就是說，公司賣出蛋糕的售價扣掉公司買進材料的成本，中間的差價才是公司真正創造出來的價值（即所謂的「加值」），因此公司只需要就加值的部分向消費者收取營業稅。

但是，怎麼認定賣出商品的售價，又怎麼認定進貨成本呢？公司在向廠商進貨時，需要支付五％營業稅，因此需要跟廠商拿發票，稱為「進項憑證」。公司之後銷售商品給消費者時，也要收取五％的營業稅並開立發票，稱為「銷貨憑證」。一來一往，當「銷貨憑證」的銷貨稅額總額，大於「進項憑證」的進貨稅額中可扣抵部分的總額，超出來的部分就是公司要繳交的營業稅。如果進項稅額中可扣抵的部分高於銷貨稅額呢？那多出來的部分就是公司這期的溢付稅額，可以在以後各期申報營業稅時留抵。

不過，並非所有的進項稅額都可以用來扣抵銷項稅額。進項稅額可以再細分為可扣抵銷項稅額及不可扣抵銷項稅額的部分，前者像是辦公文具用品及電器，後者像是餐飲及旅遊費用這類純屬消費性質的支出。至於哪些進項稅額是可扣抵銷項稅額，哪些又不可以扣抵，你可以上國稅局的網站查詢或請教會計師。

上面講的是大原則，實際在計算時有很多細節要注意，多跟你的會計師討論準沒錯。但重點是記得，公司每一項成本交易都要拿發票，公司對外營業的每一筆交易都要開發票。正因為一間公司的進出都有發票可勾稽，國稅局才有辦法從上游一直循線追到下游，確保各個公司都有依法繳稅，國庫才能充實。

營利事業所得稅

營利事業所得稅的稅率是二〇%，每間公司必須在每年的九月暫繳申報，並在隔年五月申報今年度的營利事業所得稅。

大家應該都比較能理解營利事業所得稅的定義，名為「所得」顧名思義，是公司有獲利時繳納的稅。一家公司的收入總額扣除各項成本、費用、損失，以及稅捐後，就是一家公司的經營淨利。即使一間公司實際上沒有淨利、甚至虧錢，也仍然要申報營利事業所得稅。而且與營業稅不同的是，即使一家公司已經辦理停業了，也仍然要申報營利事業所得稅。所以不管公司有沒有「賺錢」獲利，公司平時各項交易務必都要保留憑據，簿冊記錄也要完整，被國稅局調帳時才不會手忙腳亂，甚至被迫補稅。

年度申報

稅法上營利事業所得稅的申報有幾種方式，分別是「查帳申報」、「會計師查核簽證申報」，以及「擴大書面審查申報」。哪一種方式比較好，並沒有一定，建議你跟會計師好好討論後再做決定。

查帳申報：這種申報方式是指公司詳細記載公司的收入、成本、費用及損失等項目，計算出所得額後，再乘上稅率，得到應繳交的營利事業所得稅稅額。如果計算出來的結果所得是負的，等於公司在當年度是賠錢的，當年度就不用繳納營利事業所得稅。

查帳申報方式聽起來很合理，理論上應該所有的公司都應該採用查帳申報方式來報稅。但大體說來，查帳申報被國稅局抽查覆核的機率較高，如果公司沒有保存好完整的憑證單據，或者單據憑證被認為不符合稅法規定，都可能在查帳時被國稅局剔除，不能列為稅務申報的成本或費用項目，導致公司被要求補稅。（講到這，你應該更理解平時就要把各項文件簿冊憑證保持好的重要性！）不過，即使有這個缺點，但因為公司如果真的有虧損就不用繳稅，因此不少公司還是會選擇使用查帳申報的方式來申報營利事業所得稅。

會計師查核簽證申報：公司辦理申報營利事業所得稅時，可以請會計師進行查核簽證，也就是你可能常聽到的「稅簽」。一般的公司可自由決定要不要請會計師進行查核簽證，而營業收入淨額達一億元以上的公司則是強制進行稅簽。

要出動會計師來作簽證，可想見地申報費用當然會往上加。那麼找會計師作稅簽有什麼好處？有會計師做稅簽，最大的好處是可以享受稅法上盈虧互抵的獎勵。什麼叫盈虧互抵？如果去年賠一百萬不用繳稅，今年淨賺三百萬會需要繳六十萬（二〇％）的稅，但如果允許前後年度盈虧互抵，那麼今年只需要繳納四十萬元。

因為創業初期公司多半在燒錢，累積大量虧損，如果轉虧為盈後卻要立即繳納所得稅，對公司不太公平，因此台灣稅法允許公司盈虧互抵，年限為十年。但要享受這項好處，報稅的資料品質當然就要提高，因此稅法要求虧損期間及獲利年度的營利事業所得稅申報都必須有會計師進行稅簽。

做稅簽的好處還不止於盈虧互抵。一般來說，有會計師做稅簽，後續被國稅局抽查的機率會比查帳申報略低。而且，萬一日後真的被國稅局查核，國稅局會先找會計師調閱工作底稿。對不善跟國稅局打交道的公司來說，壓力相對較小。

擴大書面審查申報：如果公司營業額低於新台幣三千萬元的話，可以考慮選擇擴大書面審查方式申報。財政部平時針對各個行業有設定擴大書審使用的淨利率[1]（四％～一〇％，多為六％），例如自行車零件零售業的淨利率，財政部設定為六％。如果有一間自行車零件零售業的公司，乖乖記帳，取得合法憑

1 法律用語為「純益率」，但為了讓讀者了解方便，我這裡用更好懂的「淨利率」。

證，算起來淨利率低於六%，此時可以選擇用擴大書面審查方式申報營利事業所得稅，那麼這間公司要將自己申報的淨利率調增到等於或高於六%，報稅時就是把一整年的營業收入及營業外收入金額乘以六%（或比六%更高的數字），乘上營利事業所得稅稅率二〇%，就得到當年度該繳的營利事業所得稅。當公司採用擴大書面審查申報後，除非有重大異常，否則國稅局會僅按照書面資料核定，但有權進行事後抽查。

採用擴大書面審查申報的優點是，因為公司主動依照較高的淨利率申報，所以公司被國稅局抽查調帳的機率通常比查帳申報方式低，營業額不大之公司採書面審查可享有暫時不被查核之空間。但擴大書面審查的申報方式也有缺點，就算公司實際上淨賺的不多，甚至虧損，但因為適用擴大書面審查設定的行業淨利率，結果就是要比實際賺到的多繳一點所得稅，或者發生虧損還要繳交營利事業所得稅的奇怪現象。也因此，業界對擴大書面審查的批評所在多有。相反地，也有些公司明明獲利相當高，不符合適用條件，卻選擇擴大書面審查申報，以擴大書面審查所規定的淨利率來申報納稅，導致政府收不到原來應該收到的稅。因此，有不少人認為，應該廢除擴大書面審查的申報方式，或至少縮減能夠使用擴大書面審查申報的範圍。

不管如何，這裡要提醒你，採用擴大書面審查申報，國稅局仍然會抽查公司帳簿，如果被抽到發現公司帳簿記錄不完全及憑證單據不符合稅法規定等情況，被國稅局要求補稅，反而會比查帳申報應繳納的稅額高出許多。近年來國稅局對採用書面審查申報的公司有抽查比率增高的趨勢。

暫繳申報

每年五月要申報繳納營利事業所得稅，但是如果到了五月，公司繳不出這麼多的營利事業所得稅怎麼辦？如果能夠讓公司分期付款，公司不就輕鬆多了？因此稅法上設計了分期付款制度，讓每家公司在每年九月時先繳部分稅金給國稅局，然後到了次年五月結算今年度應繳的營利事業所得稅時，再多退少補。這麼做除了能減輕公司負擔外，國庫也比較方便調度。

暫繳又可分為一般暫繳以及會計師簽證暫繳。一般暫繳就是公司按其上年度申報營利事業所得稅應納稅額的二分之一做為暫繳稅額（低於兩千元則不需要申報繳稅）。但是，如果公司今年表現不好，可以考慮請會計師做上半年度查核簽證，用當年度上半年實際損益計算出的稅額做為暫繳稅額，即會計師簽證暫繳。

稅報與財報之區別

這裡補充一個觀念：「稅報」跟「財報」是不同的。

我們在第九章會介紹財務報表，其中的損益表是呈現公司在某段期間經營獲利的狀況，這樣看起來是不是把損益表交給國稅局就完成報稅了？

當然沒那麼簡單，公司在做稅務申報時，不能直接拿財務報表向國稅局報稅，這是因為財務報表是依據會計原則在編製，但稅務申報卻要根據稅法的規定，因此必須將財務報表依據稅法進行調整，才會成為稅務申報書，也就是俗稱的「稅報」。

例如，A公司長期投資B公司，持有B公司三五%的股權。B公司大賺錢，持有B公司的股權資產價值因此增加，相對應地A公司在財務報表上會需要認列投資收益。乍看之下，你可能一驚：A公司認列投資收益，是不是表示所得增加要繳稅？但A又沒有真正賣掉B公司的股權，這樣就要繳稅不是太為難公司了嗎?是的，所以稅報跟財報會不一樣。以A長期持有B公司三五%的股權來說，因為這筆投資收益還沒有真正實現，財報雖然認列了投資收益，稅報上就必須進行調減，不將此筆收益列為是公司所得，這樣一來公司也不需要為還沒有真正實現的投資收益繳稅。至於，稅報跟財報在哪些項目上有差異?需要進行哪些調整?你就可以交給專業人士。

8 老闆，小心！——所得稅扣繳與健保補充保費扣取

前一章我們談到營業稅與營利事業所得稅，這兩種稅是每一家公司無論有無收入交易，都要按時申報的。這一章則是要介紹，當公司對外支付某些款項時，公司必須要代為「扣繳所得稅」及「扣取健保補充保費」。

這一章讀來或許你會覺得不耐煩，但不管怎樣，我都希望你能耐著性子讀下去，細節可以不記得，但至少你要了解扣繳的基本觀念。之所以要講這麼繁瑣的制度，是因為兩個原因。

首先，如果公司沒有按規定扣繳與扣取，公司的負責人個人可能會面臨相關處罰。實務上就曾經發生過，某位民眾因為曾擔任某家公司的董事長，結果在卸任後一段時間，因為一筆二・五億的交易沒有扣繳，收到國稅局連補帶罰總金額高達一・五億的稅單，導致傾家蕩產，個人財產都被查封拍賣的不幸案例。你總不會希望你也發生這樣的悲劇吧？

再者，扣繳問題近來在新創公司的稅務作業上愈來愈重要。這是因為跨境電商發展得如火如荼，像是在臉書下廣告這種透過網路購買外國公司服務的行為，發生的機率跟頻率愈來愈高。因此，你務必要有扣繳的觀念，有了扣繳的觀念之後，什麼情況要扣繳、要扣繳多少及後續如何做，你才會知道要去請教專業人士。

所得稅扣繳

前一章提到，公司付錢給廠商時都要拿發票，政府就可以靠著發票從上下游追查各公司的收入。但是，如果公司是付錢給個人、外國人，或外國公司呢？這些人沒有辦法開發票，因此在課稅技術上，法律就要求公司在付錢給個人、外國人，或外國公司時，先代扣一部分所得稅，然後通知政府，這樣政府才會知道這些人有這一筆的收入發生，這就是你常常聽到的「扣繳」。

前一章提到真正負擔營業稅的人是消費者，只是課徵技術上由公司當納稅義務人。其實扣繳的情況也很類似，當公司付錢給個人或外國人時，是個人或外國人需要繳交所得稅，只是由公司在付錢時，先將個人或外國人該付給台灣

所得類別	支付給我國稅務居民	支付給非我國稅務居民
租金所得	10%	20%
執行業務報酬*	10%	20%

*像是支付報酬給律師、會計師或代書等專業人士。

政府的所得稅先扣下來，之後轉交給國稅局，所以是一種公司代收代付所得稅的概念。

究竟哪些款項的支付，公司需要做扣繳呢？主要是公司給付薪資、租金、佣金、權利金、退休金、資遣費、退職金、離職金，以及執行業務者的報酬等。本書最後的附表A列出公司需要扣繳的大部分情況，上表則只先列二個經常出現的扣繳項目方便理解。

從上表可以看出，扣繳稅率的多寡取決於支付對象的身分。以漫畫為例，假設偉祺的公司每個月必須支付給房東太太辦公室租金五萬元，而房東太太是我國稅務居民的話，那麼公司每次支付時必須扣繳一〇%的所得稅五千元，因此房東太太實際只會拿到四萬五千元（但公司還要再扣取二・一一%的補充保費，後面會提到）。但如果房東太太是非我國稅務居民的話，那麼公司就必須扣繳二〇%的所得稅一萬元，此時房東太太實際只會拿到四萬元。

怎麼區分一個人是我國稅務居民，還是非我國稅務居民呢？光看定義可能會讓你頭昏眼花。我們簡單說：原則上你可以先假定你支付的對象都是我國稅務居民。如果你支付的對象是自然人，而這個自然人在台灣沒有設戶籍且居留天數小於一百八十三天，或者有戶籍但居住少於三十一天且生活經濟重心都不在台灣的，就是非我國稅務居民。如果是法人，如果在我國境內沒有固定營業場所，就是非我國稅務居民（見下頁圖解）。

當公司支付款項給我國稅務居民時，公司按照規定稅率扣繳後，必須在下個月十日前將扣繳的錢交給國稅局，然後在明年一月底開立扣繳憑單向國稅局申報，並在二月十日前將扣繳憑單寄發給個人。

但如果所得是支付給非我國稅務居民，則公司必須在給付款項代扣稅款日起十日內將扣繳款項繳給國稅局，並且開立扣繳憑單向國稅局申報，同時將扣繳憑單寄發給受款人。以上的扣繳憑單申報，都可以在國稅局相關網站進行。在具體操作細節上如果有什麼疑問，可以跟專業人士進一步請教意見。

最後補充說明一點，當公司支付應扣繳的所得給我國稅務居民裡的個人時，如果每次扣繳所得稅額小於新台幣兩千元，公司其實不必扣繳，只需要申報。

自然人

是否在我國居住？

- **是→** 是否在我國設戶籍？
  - **是→** 課稅年度內，是否在我國居住達 31 天以上？
    - **是→** 我國稅務居民
    - **否→** 生活經濟重心是否都在台灣？
      - **是→** 我國稅務居民
      - **否→** 非我國稅務居民
  - **否→** 課稅年度內，居留天數是否達 183 天以上？
    - **是→** 我國稅務居民
    - **否→** 非我國稅務居民
- **否→** 是否在我國設戶籍？
  - **是→** 課稅年度內，是否在我國居住達 31 天以上？
    - **是→** 我國稅務居民
    - **否→** 生活經濟重心是否都在台灣？
      - **是→** 我國稅務居民
      - **否→** 非我國稅務居民
  - **否→** 課稅年度內，居留天數是否達 183 天以上？
    - **是→** 我國稅務居民
    - **否→** 非我國稅務居民

法人

是否在我國境內有固定營業場所之營利事業？

- **是→** 我國稅務居民
- **否→** 非我國稅務居民

以扣繳稅率一〇%來說，這樣可以理解成單筆支付所得達兩萬元以上，公司才有扣繳義務。如果有人要求你將公司一筆應付款項切成數個小於兩萬元的單，在沒有什麼正當原因情況下，這有可能是要你的公司協助逃稅，此時務必要小心回應，不要以為反正總額一樣就可以如此處理。

健保補充保費

公司在支付租金或執業所得達兩萬元給我國自然人的情況，除了扣繳一〇%所得稅，也同時必須向房東或個人執行業務者扣取健保補充保費，並在次月底前將扣取的保費繳納給健保局。

目前健保補充保費費率是二・一一%。以前面的辦公室房東太太為例，公司每個月支付租金五萬元時，除了必須扣繳一〇%的所得稅五千元外，還必須代扣二・一一%的健保補充保費一千零五十五元，因此房東太太每個月實際只會拿到四萬三千九百四十五元。公司則必須在下個月十日前將扣繳的五千元交給國稅局，在下個月月底前將扣取的保費一千零五十五元交給健保局。

其實，扣取補充保費的情況，並不僅止於租金與執業所得單次達兩萬的情

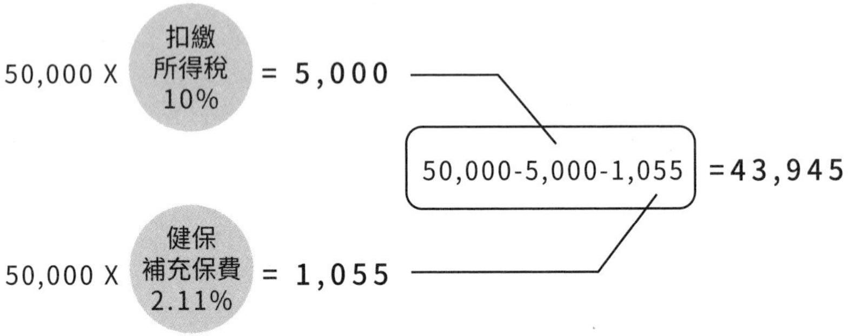

形，其他需要扣取補充保費的情況可以參照本書最後的附表B。健保局網站上面有二代健保作業專區，上面有公司什麼時候該扣取補充保費、應如何申報，與繳納補充保費的資訊。

義務在董事長身上

我接下來講的事情，或許會讓你感到驚訝。如果公司沒有依規定扣繳扣取，國稅局或健保局是可以祭出罰則的。但罰誰呢？很抱歉，不是罰公司，是罰公司的董事長。是的，你沒看錯，是罰公司的董事長。這是因為，所得稅法規定扣繳義務人是公司負責人，而全民健康保險法當初在設計補充保費的規定時，參照了所得稅扣繳的規定，也將扣費義務人定為公司負責人。

本章一開始就有提到，實務上，就曾經發生公司在支付權利金所得給非台灣公司時，因為沒有按規定扣繳所得稅，導致董事長在卸任後幾年被國稅局連補帶罰一・五億元，董事長個人財產都被強制執行的不幸案例。

公司在付款時沒有履行扣繳或扣費義務，結果是罰董事長不罰公司，這樣的規定是否合理其實大有討論空間，尤其是多數企業經營者不是法律或財稅專業，因一時疏忽就要遭受裁罰，可能過分嚴苛。但在稅法規定沒有修改前，身為創業者的你務必要小心，除了管公司業務外，千萬不要以為公司的財務及稅務作業就可以馬虎，也要小心注意才是上策。

9 公司的健檢報告——認識財務報表

即使你沒開過公司，應該也曾從各式各樣管道得知財務報表很重要。財務報表就像一家公司的定期年度健檢報告，又簡稱「財報」，是了解公司財務及經營狀況的重要資料。對創業者來說，初期在財報方面要做到兩件事情：一是「公司要有財報」，二是「你要會讀」。

你可能以為我在開玩笑：公司怎麼可能沒有財務報表！事實上，在新公司或小公司特別容易發生。創業初期，大部分創業者可能選擇不請專業會計人員，也沒有採購會計軟體，選擇將記帳工作委外，但很有可能發生因為溝通不良，或沒有將完整的收據及相關資料提供給外部業者，導致外部業者無法幫公司製作財務報表。創業者應避免讓公司處在沒有財報的狀態。而且，當公司開始有募資需求，就應該要具備禁得起檢視的財務報表，一家帳目不清或連財務報表都沒有的公司，精明的投資人通常不會有興趣。

當你的公司有了財務報表，接下來就是確保你會讀財務報表，才能充分掌握公司經營的狀況。在本章，我會介紹財務報表的基本觀念，幫助你學會閱讀財務報表。

對一般公司來說，最重要的三個財務報表是「資產負債表」、「損益表」，以及「現金流量表」，就是一般俗稱的「財務三表」。資產負債表幫助你了解公司在某個特定時點的財務狀況，損益表幫助你了解公司在某段期間的獲利狀況，而現金流量表則幫助你了解公司某段期間現金流動的原因。所有的基礎財務會計概念，都是從這三個報表開始講起。

資產負債表

資產負債表是展現公司在某個特定時間點的財務狀況。例如，二〇二〇年十二月三十一日的資產負債表，呈現的就是二〇二〇年十二月三十一日當天公司的財務情形。既然講「財務狀況」，直觀來說，當然就是呈現這家公司有多少錢、欠多少錢的資訊，下頁就是資產負債表的格式：左邊為資產，右上為負債，右下則是業主權益。

■ 資產負債表格式

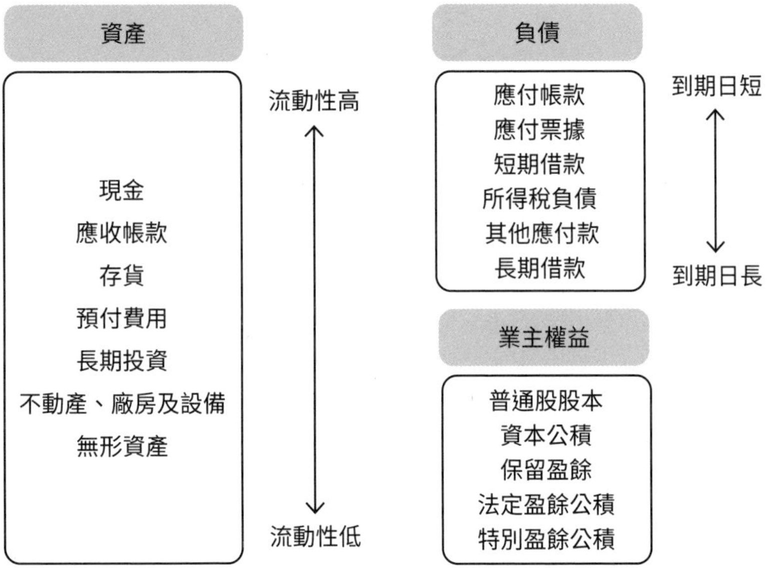
資產
現金
應收帳款
存貨
預付費用
長期投資
不動產、廠房及設備
無形資產
流動性高
流動性低
負債
應付帳款
應付票據
短期借款
所得稅負債
其他應付款
長期借款
到期日短
到期日長
業主權益
普通股股本
資本公積
保留盈餘
法定盈餘公積
特別盈餘公積

資產是公司擁有的東西，負債是借來的錢，資產扣掉負債剩下來才是你作為公司所有人真正擁有的價值或利益。

資產

我們再進一步來說，究竟什麼是資產？資產就是公司所擁有有價值的東西，包含現金、應收帳款、存貨、預付費用、債券、股票、土地、房屋、機器設備，以及智慧財產權等。

按照慣例，資產會按照流動性的高低，由高至低排列出來。所以不意外地，現金通常都排在首位，再來通常就是應收帳款、存貨，與預付費用等，而固定資產像是土地或房屋這種流動性較差的資產通常就會列在後面。如果用變成現金的時間來分，能在一年內變換成現金的稱為「流動資產」。

負債

負債，白話來說，就是公司欠別人的錢。負債還可以分為流動負債和長期負債。流動負債是指在一年內到期的負債，像是應付費用或應付所得稅等，而到期時間超過一年以上的負債則是稱為長期負債。

業主權益

「業主權益」也稱為「股東權益」，就是一家公司對於股東而言的真正價值。「業主權益」還可以再分為「資本」及「保留盈餘」兩大部分。「資本」是股東對公司投注的資金，如果公司發行的是有面額股，那麼「資本」可再細分為「股本」及「資本公積」（主要來源是股份發行價格與股份面額的差額）兩個科目。如果公司發行的是無面額股，那麼就不會有「資本公積」這個科目。而「保留盈餘」則是公司歷年賺取的利潤但沒有分配給股東而保留在公司的部分。保留盈餘如果是負值，表示公司歷年經營下來是虧損的。

資產＝負債＋業主權益

你也可以將資產視為公司運用資金的方式，負債及業主權益則是資金來源，寫成等式「資產＝負債＋業主權益」，等號的左右兩邊一定都要永遠相等。如果資產增加了一百，那麼等號的右邊一定也會增加一百。例如，公司跟銀行借了一百元，公司的現金多了一百元，可是負債也增加了一百元，因此等號左右兩邊仍然相等。又或者投資人認購了公司兩百元的股份，成為股東，那麼此時公司的業主權益增加了兩百元，同時資產也多了兩百元。

營運資金

在看資產負債表時，除了注意資產及負債數字各是多少外，我們通常也建議創業者需要留心資產的組成內容，也就是資產的「品質」。一般說來，我們都會希望公司的資產變現性要好，才比較能夠應付突發狀況。如果公司資產很多，但多數卻是變現性差的資產（像是土地房屋這一類的固定資產），或者收回有不確定性的資產（如應收帳款），甚至是可能無法變現也無法回收的資產（如預付費用），這樣在公司需要還債時，公司可能就沒有足夠的資金可以支持，這樣的公司相對處在比較不健康的狀態。

營運資金 = 流動資產 － 流動負債

如何衡量公司目前資產的品質？一個常見的判斷標準是「營運資金」。我們上面有特別介紹到流動資產與流動負債這兩個名詞，流動資產可用來償還流動負債，流動資產減流動負債後的差額就是所謂的「營運資金」。

營運資金反映的是一家公司的短期還債能力，營運資金愈多，表示這家公司因應負債的準備愈充分，短期還債能力愈好。反過來說營運資金愈少，表示這家公司因應負債的能力愈差。

請你務必要記得，以公司經營的角度，公司欠很多錢、負債很多，不一定會倒閉。比較危險的是，公司流動資產少但流動負債高，這種情況就容易出現資金周轉不靈的現象，此時公司倒閉的可能性就會大大地增加了。

營業毛利 ＝ 營業收入 － 營業成本

損益表

損益表讓你了解公司在某一段期間的獲利狀況，例如二〇二〇年第三季的損益表通常指的是二〇二〇年一月到九月這段期間公司經營獲利的狀況。簡單來說，公司究竟賺錢還是賠錢？如果是賺錢，又是賺多少錢？這些資訊，看的就是損益表。

就像資產負債表有個黃金會計恆等式「資產＝負債＋業主權益」，損益表也有類似的黃金計算公式：「營業毛利＝營業收入－營業成本」。

營業收入指的是公司銷售商品或服務所得到的金額，也叫做營業額。營業成本，指公司用於生產商品或提供服務的直接支出。營業收入減去營業成本所得到的數字我們稱為「營業毛利」。如果再將營業毛利除以營業收入，我們會得到一個毛利率的數字。毛利率愈高表示公司的獲利能力愈強，對公司經營來說

毛利率 ＝ 營業毛利 ÷ 營業收入

是正向的訊息。有時，你常會聽到股市分析師說某某公司毛利率很高，或者反過來某某行業「毛三到四」（毛利率只有三%到四%），就是在用毛利率來分析一間公司或行業的獲利能力。

不過，既然稱為「毛利」或「毛利率」，表示這些都還不是最後的獲利數字。以生產蛋糕來說，生產蛋糕會直接用到奶油、麵粉，與水電，這些開銷是營業成本。但是為了要賣出蛋糕，公司可能僱用人來管理生產線、也需要支付廣告費用，這些我們不會算在「營業成本」，而是另外歸類成「營業費用」。營業費用也稱為「間接成本」，用來指無法與營收直接關連的費用，通常包含管理費用、行銷費用，與研發費用三項，俗稱「管銷研」。因為營業費用的英文是 Operating Expense，所以日常生活中討論我們也都會以「OPEX」來代稱。（另外，與 OPEX 相對照的名詞是資本支出〔capital expenditure〕，簡稱為

營業利益 ＝ 營業毛利 － 營業費用

CAPEX，指為獲得固定資產或為了要替固定資產增值而產生的所有經費支出。）

將毛利扣除營業費用後，我們會得到「營業利益」的數字，這個數字說明的就是公司本業的損益情形。營業利益的數字，可以告訴我們一間公司本業業務經營得如何，究竟是賺錢還是虧損。

不過，一家公司除了業務經營外，也可能從事業務以外的活動，進而產生獲利和費用。例如，一家咖啡豆公司如果哪一天因為幫忙仲介辦公室出租而收到一筆佣金，這不會放在營業收入，而是歸類在營業外收入（Non-Operating Income）。營業外收入通常還包括利息收入、股票投資收入，以及出租資產收入。

相對地，有營業外收入就有營業外支出，營業外支出通常還包括利息支出、貸款手續費等等。一筆收入究竟是營業收入還是營業外收入，一筆費用究竟是營業費用還是營業外費用，其實都沒有一定，取決於這家公司的業務內容及性質。不過，要提醒創業者的是，從投資人的角度來看，一家公司營業外收入太高不一定都是好事，因為雖然公司的收入增加了，但這意味著公司可能沒有專心於本業，反倒花費太多精力在非本業活動上。

資產負債表與損益表之間的關係

資產負債表與損益表兩者間是有連動關係的。

如果公司損益表顯示經營的結果是有賺錢，繳完稅的稅後淨利是正的數字，資產負債表的保留盈餘會隨之增加。前面提到「資產＝負債＋業主權益」，為了讓這個黃金恆等式繼續維持恆等，業主權益增加了，這時候資產可能會跟著增加，例如將賺到的錢留在公司銀行戶頭裡；也可能是負債減少，例如將賺到的錢拿去還債。

相反地，如果公司經營的結果是虧損的，亦即是稅後淨損的情況，那資產負債表的保留盈餘會隨之減少。而業主權益既然減少了，此時可能是資產會跟著減少，此時形同公司拿原有的錢來補坑；也可能是負債增加，例如公司向外借錢來補坑。

本期期末現金 ＝ 本期期初現金 ＋ 本期現金流入 － 本期現金流出

現金流量表

你有聽過生意很好但手上沒有現金的公司嗎？這完全是有可能的！前面講到損益表中的營業收入，是公司將商品或勞務銷售出去，但實際上公司可能還沒收到錢。例如，咖啡豆公司賣咖啡豆給咖啡店，但咖啡店可能兩個月後才會付款。因此，營業收入高雖然表示公司業務經營良好，但跟公司手上有多少的現金沒有必然關係。所以在財務會計上，我們通常還會有另一張報表：現金流量表，用來分析公司於某一段期間的現金流入和流出的原因。

我們要知道一間公司在某段期間結束後有多少現金，概念很簡單，其實就是把某段期間開始時這家公司手上有的現金，加上這段期間流進公司的現金，扣掉這段期間流出公司的現金，就會得到這段期間結束後公司手上擁有的現金數額。

但實際上一間公司每天都有許多筆現金進出，為了能夠更有意義地解讀這些資金活動，我們將這些現金的流進流出按照性質再分為三種類型：營業活動、投資活動，以及籌資活動。

營業活動：顧名思義，指的是因營業行為產生的現金流出與流入。理論上，如果公司所有的營業活動都用現金進行，營業活動的現金流量應該就是損益表的淨利數字。但實際上一家公司的活動不太可能都用現金進行，因此，我們還必須對損益表的淨利數字進行某些調整，才能真正得到營業活動的現金流量。營業活動現金流量通常被認為是現金流量表裡面最重要的資訊，因為營業活動現金流量反映了公司本業營運的狀況。如果營業活動現金流量是正的，表示公司能持續從本業的營運活動獲得現金。如果營業活動現金流量是個負值，表示公司的本業營運活動無法產生足夠的現金來支應公司活動，這對公司來說就是個大警訊。

投資活動：指企業進行投資活動所產生的現金流出，像是公司購買土地或機器設備，以及進行投資活動所產生的現金流入，像是出售土地或機器設備。當投資活動的淨現金流量是一個正數，代表公司的投資活動是減少或萎縮的，因此雖然公司今年的現金是增加的，但外界不一定會買單，反倒可能認為這是負向的發展。反過來說，投資活動如果呈現淨現金流出，至少表示公司積極進行投資，外界比較容易從正面去解讀。（當然，這些投資是不是一定能提升公司的競爭力？能提升多少競爭力？還需要再進一步分析。）

籌資活動：指公司債務與權益造成的現金變化。公司債務與權益造成的現金流入，包含例如公司向銀行借錢或現金增資發行股票；而公司債務與權益造成的現金流出，例如，公司還錢給銀行或發放現金股利給股東。

因為公司的期末現金餘額，其實在資產負債表的現金科目就看得到，因此在閱讀現金流量表時，建議你將觀察重點擺在這段期間公司現金流量的變化原因，了解營業活動、投資活動以及籌資活動對公司現金流所產生的影響。如果有必要，甚至你要前後兩三年的現金流量表一起讀，才能看出公司三大活動的各種端倪。

雖然說現金流量表是「財務三表」之一，但實務上確實看到不少公司只有損益表跟資產負債表，而沒有現金流量表。這是因為現金流量表的編製難度較高，除非花錢委託會計師事務所幫忙，否則企業即使有自己的財會人員，也不

自由現金流量 = 營業活動現金流量 − 資本支出

一定會做現金流量表。不過，這並不是說現金流量表不重要，相反地，如果你能讀懂現金流量表，表示相較其他創業者來說，更能掌握自己公司營運的狀況。

自由現金流

最後，要特別介紹一個指標：自由現金流。

自由現金流是證券分析師分析一間公司營運狀況時經常使用的指標，也可以用來分析新創公司的財務情況與計算估值。

其實，自由現金流的計算方法並沒有完全統一。但無論如何，自由現金流大致的概念就是，公司的營業現金流量扣除再投資需求後，得到的數字就是公司真正可自由使用的現金。自由現金流是正的，表示公司相對有財務彈性，公司可以將這些現金預留下來以備不時之需，可以拿來還債，或者是用來拓展業務活動，甚至要發股利給股東也可以。但如果公司的自由現金流長期下來總是負的，這時候你就要非常小心，表示公司還在俗稱的「燒錢」階段，這時候你應該要思考有什麼對策方法可以來改善自由現金流。

雖然這裡介紹自由現金流這個概念，不過在創業初期階段，公司的營業活動、投資活動，與籌資活動多半都有限，因此對創業者來說，可能更簡單更實用的指標是「資金消耗率」（burn rate），這同時也是創投在了解新創公司財務狀況時經常使用的指標之一，我在第十九章會加以介紹。

兩套帳

這裡也要簡單提到兩套帳的問題。相對於某些公司沒有財報，有些公司有，而且還有兩套帳簿，一套給管理層與股東看，一套給國稅局看，這就是俗稱的兩套帳，有時也稱為內外帳。

之所以出現兩套帳的原因很多，有些公司是出於逃漏稅的惡意而刻意製作兩套帳，也有些公司則是因為某些行政或非預期因素，例如因為沒辦法取得符合稅法規定的收據及相關資料，所以只好另外記錄某些交易，導致會計報表與實際情形發生出入。

先撇開兩套帳因此產生的漏稅與可能隨之而來的法律責任不談，如果你未來有打算對外募資，千萬記得要盡量避免出現兩套帳，這是因為對多數的投資人來說，一套帳的財務報表才有信任的價值。投資人不會因為看到兩套帳而肯定創業者「理財有方」，反倒可能認為這反映出公司管理混亂，甚至存在經營不誠實的問題。在輔導新創的過程中，我就曾經看到有公司因為有兩套帳，帳務複雜，導致投資人打退堂鼓的例子，相當可惜。達文西曾說：「簡化是最終的精密」，請記得在財報的世界裡也是如此，一套帳才是真正的王道。

第四課

老闆不是人幹的

勞動關係

小心別當慣老闆

這一課，你會學到——

- 僱傭、委任、承攬與派遣
- 關於勞工的各種社會保險
- 解僱、試用期及定期契約
- 工時、加班、休假、責任制與競業禁止

十年前
國際象棋社
……嗯？
那個沒看過的新人是誰啊？
是新加入資工系學弟！
看起來不太會玩的樣子！
對哇，覺得下棋無趣的話可能很快就會退社了……
來看看而已吧？
這樣可不行！
社長我必須去和新人搭話！

我是芮儀！
學弟我們來下一局吧？
不用。我沒有玩過……
學了大概也玩得不太好？
我懂！剛開始規則就完全看不懂了！
哈哈，對啊……我先離開……
不用擔心玩不好啦！
每個人都有不熟練的時候啊！
……
偉祺，我要告訴你一個不幸的消息。

什麼？
經過我審慎的計算，公司每月得額外再支出約八千元，給我們即將用四萬元請來的行政專員。
這些是三合一勞保、健保、勞退的必要開支。
可以線上加保喔！
建議做個無良老闆不保勞保嗎？
認真
不建議。
員工有什麼狀況，倒楣的可不只員工。
正因為新創公司窮，才一定要保！
申請好後，來迎接新人吧！
不要鬧脾氣！
隔天
兩位早安！

你們好，我是小誠。
以後請多多指教。
小誠，這位是芮儀，主要負責我們公司的業務。
Hi
以後公司諸多行政事務都要拜託你了。
這女人…沒出現在面試上…
打扮這麼漂亮。根本不是來工作的樣子…
我不太擅長打字，可能有些要你幫忙……

八九成是靠關係才得到工作……
沒必要尊敬她。
我是行政專員，不是妳的打字小弟喔。大姐？
還是要你多多幫忙啦，我也算你主管喔。
來，那邊是你的位置！
昨天才終於清出來呢！
這些合作的對象太爛了吧？名字和公司沒一個聽過的。
資料統整方式也太爛，該不會是芮儀小姐設計的吧哈哈哈。
拜託，我是公司行政專員，不是妳的秘書。偉祺老闆給我的事情我才辦。
我受夠了！

我一定要炒掉那個爛人！
誒？不用吧？別發酒瘋啦！
什麼不用！
他根本是看不起妳！
我是覺得啦！
小誠就是普通的白目啊？

我們不用跟他計較，他的行政工作有做好就好。
第一次面試新員工，看走眼也滿正常的。你或小誠，都有不熟練的時候嘛！
重點是他實際上也沒做多好啊！
和預期的完全不一樣啊！
真對小誠的能力有意見，就好好引導小誠讓他有機會改進吧？
偉祺你可是公司老闆。
……
知道了。聽妳的就是了……

小誠，我有事情找你談談。
老闆，有什麼事嗎？
忍住，聽學姐的建議，好好跟小誠談談！
就算他說出什麼白目的話也要忍住。
笑
最近行政資料和後台處理的有些慢，如果碰到什麼技術上的問題。
都可以問我或芮儀，我們會協助你的。
我回來了……
……
沒注意到我……
……拜託，老闆，我速度還好吧？

芮儀小姐才是誇張的那個吧？
她什麼也不會欸？整天只會穿得花枝招展的跑來跑去不知道在幹嘛……
……以前根本沒有工作經驗，連打字都要別人代勞。
像那種人跟著你一起創業才有問題吧！我好多了。
小誠！
啪！

……
小誠，這是今天跑的業務資料，還是要麻煩你了。
剛剛的我就當沒聽到。好好完成吧…
……好。
小誠你被開除了。
現在就滾！

等一下，憑什麼就這樣開除我？
就算要開除我，也要給我資遣費啊。
你工作做得這麼慢又差，又侮辱上司！
憑什麼要資遣費？
立刻離開公司！
我一定會要你們好看的！

哼！是能怎樣！
……
暢快多了！想到我付給這傢伙薪水、又給他保勞健保，真是有夠不值得的。
根本是請來把自己氣死的啊。
對吧！芮儀學姐
……
幼稚鬼！

只能禱告他不要真的給我們找麻煩了！
？
勞動局
那個傢伙！居然到勞動局申訴，害我們必須要來開調解會！

哎……
其實在生氣開除人家之前，打一通電話給我，
我會告訴你台灣是沒那麼容易開除員工的……
可是那個傢伙……
小誠有好好工作的證據十足充分。
出勤、業務量都合理。是慢一點沒錯，但也就慢一點。
而且偉祺也沒有針對不滿的部分明確與小誠溝通、給他改進的機會。
這件事是我的錯嗎?!那個傢伙可是對妳出言不遜！
我們先不吵這個！

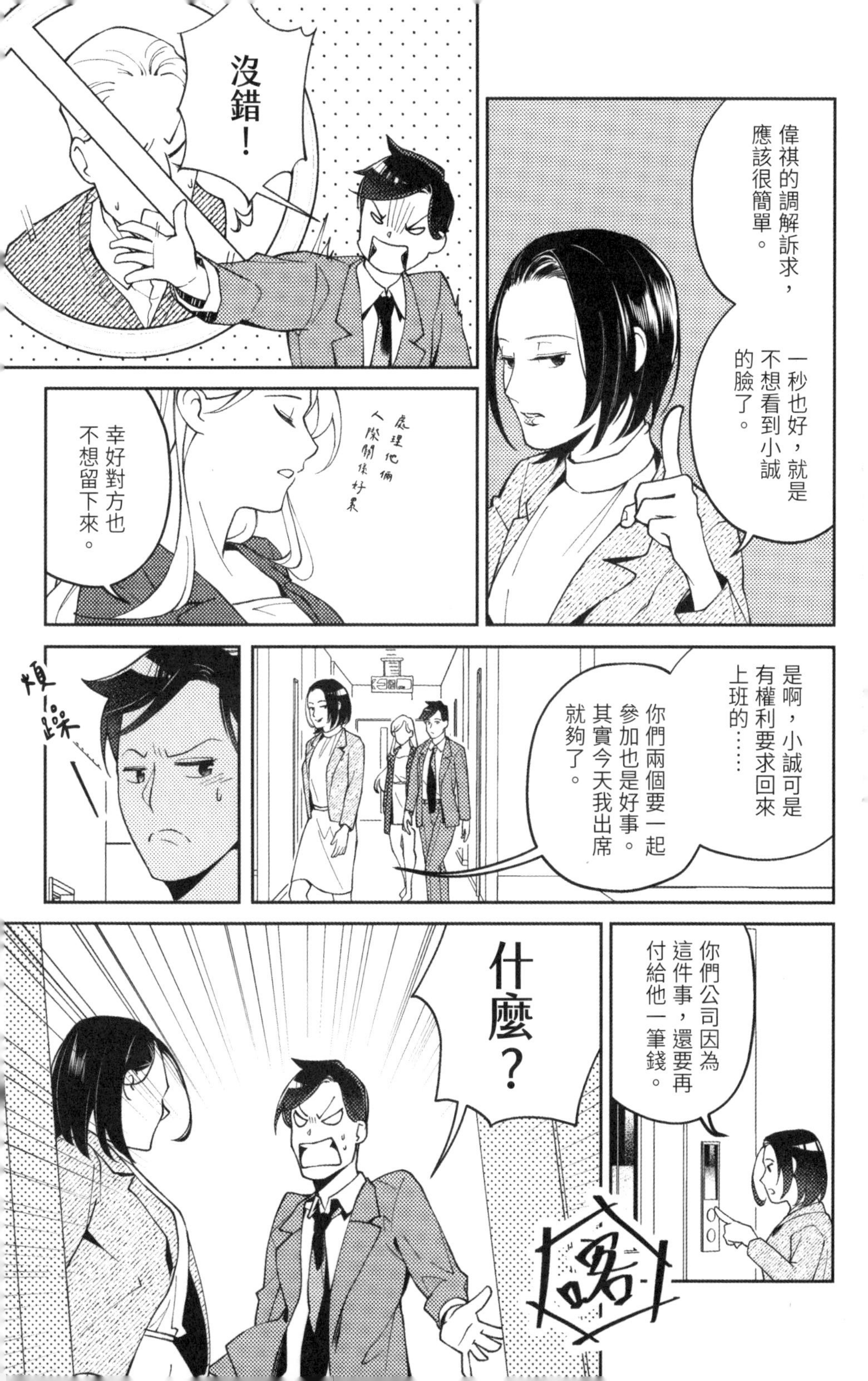
沒錯！
偉祺的調解訴求，應該很簡單。
一秒也好，就是不想看到小誠的臉了。
幸好對方也不想留下來。
處理他倆人際關係好累
是啊，小誠可是有權利要求回來上班的……
你們兩個要一起參加也是好事。其實今天我出席就夠了。
煩躁
你們公司因為這件事，還要再付給他一筆錢。
喀
什麼？

預告工資和資遣費。
在台灣解僱分成兩類。不能歸咎員工或員工沒有犯錯的「非懲戒性解僱」，以及可以歸咎於員工的「懲戒性解僱」。
但小誠明顯不符合任何一種解僱事由！僅僅是因為偉祺你的個人原因看不爽他。
法律除了保護老闆，也要照顧勞工。這件事小誠反而才有道理。
但現在小誠也不想回來公司，他主張他是被你資遣的，是非懲戒性解僱
這種情況下，公司需要付資遣費，而且解僱前要提前一段時間通知員工，法律上叫做預告期間。
如果真的不能忍受小誠在眼前……

偉祺你就得改發預告期間的工資給員工，以取代預告期間。
以小誠工作五個月來看，他有十天的預告期和……
〇・二一個月的平均工資作為資遣費。
其實很少欸！大概只是為了出一口氣！
最該生氣的是妳吧！
調解室到了…有抱怨的話就和對方說吧！

彼此都沒有異議，很快就調解結束了呢。

公司才剛開始就碰到這種事，我覺得好沮喪。
而且每天忙業務拓展的事情就忙不完了，我竟然還得花時間處理員工……
公司不管多大多小，都會有員工的問題要處理，至少你因為這事情又學到了一些帶人的智慧！
律師妳和學姐講一樣的話呢。
第一次見到偉祺你的時候，你連下棋都很笨拙呢……
現在第一次招人進公司，當然也會笨手笨腳的。
不是我要說你幼稚鬼。再不喜歡他，指導小誠可是你的任務喔。
這樣子沒辦法訓練出好員工喔。

但如果今天是你被瞧不起，我大概也會氣到什麼都忘了吧……
謝謝你偉祺，我很開心。
我們三個去喝一杯，消消這次的悶氣吧！
哈哈哈！你們兩個小年輕太可愛了！今天我請客吧！
偉祺老闆，下次好好挑選個合得來的好員工啊！

這一課的你會接觸到的法律

- 民法
- 勞動基準法
- 勞工保險條例
- 勞工退休金條例
- 就業保險法
- 全民健康保險法

10 一個蘿蔔一個坑——員工的契約型態

創業是一條辛苦的路，你需要處理的面向很多，其中最令創業者頭痛的就是勞工問題。從如何找到人手、管理員工，進而到處理各種衍生的勞工法律議題，在在困擾著創業者。

要講述勞工問題其實不是一件簡單的事情，因為勞工法令多如牛毛，又有很多細節或例外規定，再加上勞動部的見解與法院時有不同，因此常常律師一開講，創業者便眼花撩亂。為了化繁為簡，這裡我只會介紹基本觀念，而且為了幫助你吸收，在這一篇裡我有時會用「員工」來指稱「勞工」，用「公司」或「企業」來指稱「僱主」。

請留意，公司找一個人做事，總共有四種法律關係，除了常見的僱傭關係，也有可能是委任、承攬，甚至是派遣關係，而委任和承攬都不適用勞基法，派遣則是僱傭關係根本不在公司身上。

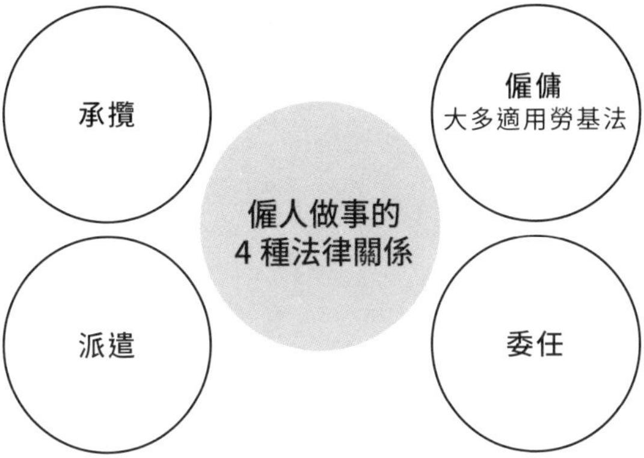

僱傭

我們一般認知的「公司」跟「員工」之間的關係，在法律上稱為僱傭關係。講到員工，就是會覺得要「聽公司的」。是的，法律上所謂的「僱傭」會強調公司跟員工之間有「指揮監督」的關係，員工對公司來說有「從屬性」，包含接受公司的人事監督管理、為公司而非自己的營業提供勞務，以及員工工作與其他同事之間有組織關係這幾種特徵。

絕大部分的僱傭關係適用「勞動基準法」，也就是俗稱的「勞基法」，員工就是勞工，受勞基法保障，只有少部分的行業跟工作者例外地不適用。有很多沒有法律背景的人，聽到某些僱傭關係不適用勞基法，經常會嚇一跳。其實勞基法一開始實施的時候，就不是適用於所有行業，而是歷年來由勞動部分階段指定適用行業，逐步擴大。經過多年努力，目前多數的行業與工作者都適用勞基法，不適用的已經不多[1]。可以說幾乎所有想開公司的創業者，都必須面對勞基法。因此，後面會有兩章介紹一些勞基法的規定。

委任

一間公司除了僱傭關係的員工外，通常也存在著委任關係的人員。哪些人是委任關係？通常是公司的高階管理人員，例如公司的總經理、執行長，或外部聘任處理特殊性質的工作，像是公司的律師會計師，以及其他專業顧問。

就拿總經理來說，因為是高階管理人員，工作上擁有較大的自主權與決策權，跟一般員工要受公司指揮監督不同，通常這樣的人也具備向公司談判薪水與工作條件的能力，因此在法律上不需要給予這樣的人太多保護。像是工作時間、加班費、退休金、解僱事由，以及休假……等等，公司在這些方面都不需要按照勞基法的規範，而是看公司跟總經理之間的委任契約內容如何約定。

什麼樣的高階管理人員會被認為是委任關係，當然不能只看職稱，而是要具體地看他的工作內容是否有決策權與自主權，甚至是對外代表公司簽名的權力。一般說來，只要被登記為公司的經理人，顯示在公司工商登記資料上，或者人員的任命經過董事會決議，通常這樣的職位就會被認定為委任關係。因此，一般常見的副總、C字頭的各種高階經理人，或協理這類職位，是委任關係還是僱傭關係就不一定，要看實際的職務內容來決定。

補充說明一點，在法律上，我們不會把公司的董事當作員工，而公司與公司董事之間就是標準的委任關係。考量到董事的決策權與自主性，這樣的定性相當合理。

承攬

本來很多民眾對「承攬」這個詞是陌生的，但在美食外送平台蓬勃興起，並在二〇一九年發生多起美食外送員車禍事件後，「承攬」二字就經常出現在

1 不適用的行業例如家事服務業及流動攤販小吃，不適用的工作者包含職業運動業之教練球員、醫療保健服務業之醫師（不含住院醫師）及私立各級學校之教師職員等。

新聞當中。

當時，外送平台業者的回應是，公司與外送員之間是「承攬關係」，所以公司不需為外送員投勞健保，但勞動部對兩大外送平台進行專案勞檢後，卻認定外送員為「假承攬、真僱傭」。如果是承攬，公司與執行工作的人彼此之間沒有從屬性，這時候雙方只就工作內容講好報酬，付錢的人並沒有指揮或監督的權力。換句話說，承攬關係具有一定獨立性，承攬人可自主決定工作時間與工作地點，只要做好工作後就能夠獲得報酬。如果你看過電影「寄生上流」，主角一家人一開始在摺披薩外送盒，按件計酬，一家人在哪裡摺、一天摺幾個小時、摺的時候怎麼分工……這些披薩店都不管，就是按照摺好的外送盒數量算錢，像這樣的工作型態，通常屬於承攬關係。

勞動部之所以會認為外送員是僱傭，主要是因為外送平台業者與外送員之間的合約內容，其中包括指定工作時段、外送員無法在選擇時段提供服務需在二十四小時內回報、服務期間需穿著制服及使用制式品牌圖樣保溫箱等等規定，因此認為外送平台業者對於外送員具有一定程度的「指揮監督」關係，兩者間具有「從屬性」。

勞動部保護外送員的立場值得肯定，但這樣的見解其實不是沒有爭議，因為外送員可以自由決定要不要接單及一個月要做多少時段，這些跟一般員工要「聽公司的安排」都不一樣，所以外送平台業者要說是「承攬」，也有站得住腳的地方。當然，解釋法律的機關是法院，因此即使勞動部已經表達意見，外送平台業者與外送員之間究竟是僱傭或承攬關係，還不算是一個最終的答案。

在這裡花篇幅談美食平台外送員是「僱傭」還是「承攬」，目的是要告訴你，如果要確認公司與員工之間是否為承攬關係，不是公司單方面說了算。你不能又要管人家，但當講到勞健保和其他的員工福利時，又把人家當作外人。一個職位究竟是不是承攬的型態，牽涉到許多複雜的判斷因素，建議你在定調前還是先請教律師。

請你務必要先有一個觀念：「承攬」雖然看起來對企業的經濟負擔較小，但因為承攬的自由跟獨立性，通常承攬人跟公司之間的關係也不會像一般員工一樣緊密。好壞要做取捨，員工關係永遠不是只有錢的那一面。

派遣

經常有創業者向我抱怨，好員工難找，即使登了徵人廣告，仍然找不到適

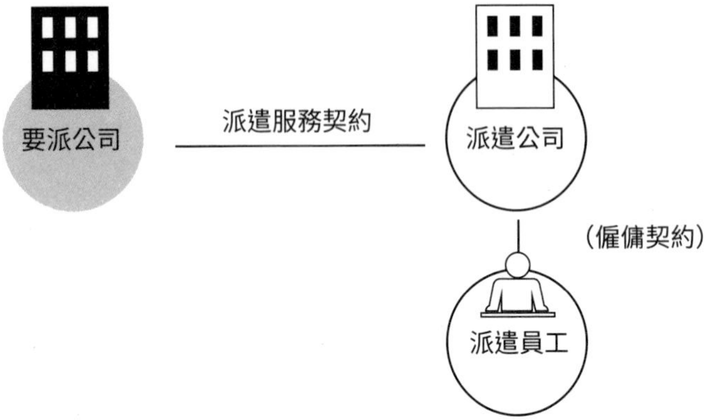

合的員工。如果急於用人，有些企業在這種情況下會選擇從派遣公司調派遣員工過來。

在派遣的架構下，真正需要用人的企業稱為「要派公司」。要派公司會跟派遣公司簽訂一個派遣服務契約，根據這個契約，派遣公司會把自己的員工派到要派公司去，為要派公司服務，聽從要派公司的指揮。在法律上，派遣公司是法律上的僱主，派遣員工則是派遣公司的勞工。換句話說，派遣員工的僱傭契約是跟派遣公司簽的，因此即使後來派遣員工被派到要派公司服務，聽從要派公司的指揮，法律上派遣員工的「老闆」仍然是「派遣公司」。

要派公司會定期將派遣員工的薪資付給派遣公司，再由派遣公司支付薪資給派遣員工。另外，由於派遣員工通常會在任務結束後離開派遣公司，派遣公司也會要求要派公司一併支付派遣員工的資遣費。但只有這些還不夠，派遣公司為什麼會願意將自己的員工派去幫要派公司工作？派遣公司得到的好處就是派遣的服務費，因此除了派遣員工的薪資及資遣費外，要派公司還需要額外再付一筆服務費給派遣公司。因此對要派公司來說，找派遣員工來工作的金錢成本並不低。如果要派公司是基於成本考量才找派遣員工，通常就會盡可能再壓低派遣員工的薪資，這也是派遣員工薪資往往不比正式員工的原因之一。

派遣員工的使用，在一般創業初期較為少見，我們簡單帶到，希望能幫助你更了解複雜的勞資世界。

11 沒想到的人事費——員工的各種社會保險

這章討論與員工有關的各項保險，以及法律規定的各種跟員工有關的「付款」義務，其中包含了勞工保險、就業保險、勞工退休金提撥、工資墊償基金提繳以及健康保險。

這些林林總總的費用，其實相當可觀，全部加起來將近員工薪資的二〇％，後面我們會一項一項介紹。當你在規劃公司人事預算時，請務必把這些費用給考慮進去。

勞工保險

談到僱用員工這件事情，許多人第一個想到的是勞保。為了讓勞工能在工作期間及退休後獲得保障，因此政府設計了勞保這個制度，讓政府、僱主和勞工三方一起共同分擔保費，累積起來的錢在將來發給勞工，以發揮照顧勞工經濟、穩定勞工士氣的功能。雖然勞保的目的跟功能都被大家肯定，但實務上勞保可是令許多僱主頭痛，這是因為勞保的保費總是讓僱主「很有感」。

絕大部分的情形，公司都有義務幫員工投保勞保。大原則很簡單，就是當公司僱用的員工達到五個人或以上，這個時候公司就一定要幫符合資格的勞工投保。

先談公司僱用員工五人怎麼計算？計算時，不是只計算全職的正式員工，工讀生、部分工時人員，以及還在試用期間的員工都必須算入。而且，即使一個員工在別的地方兼差已經享有勞保，公司也還是得計入這名員工，不能以他在別處加保當理由拒絕幫這位員工投保。按照上面的原則來計算，如果公司員工確實少於五人時，這種時候公司就沒有義務幫員工保勞保，也就是說公司如果這時沒提供勞保是沒有違法的。不過話說回來，雖然說公司這時候沒有義務，但法律還是允許一家公司自願選擇幫員工加保勞保。因為勞保在台灣已經被認為是基本保障，我的建議是，就算你的員工不到五人，為了維持良好的勞資關係與維持士氣，公司自願幫員工投保可能還是比較好的選擇。

另外，什麼樣的勞工符合勞保的投保資格？因為在台灣的勞基法下，公司不能僱用年齡小於十五歲的人當員工，而六十五歲就是強制退休年齡，因此勞保的投保對象是十五歲到六十五歲的勞工，而且不限國籍，本國籍及外國籍勞工都有適用。你可能會想問，萬一員工就是超過六十五歲，還能不能保勞保？在某些情況下，超過六十五歲以上的員工還是可以保勞保，至於是哪些情況，你可以詢問勞保局或專業人士。

幫員工投保勞保其實不只有利於員工，對公司也有好處。勞保的保障分為普通事故與職業災害保障，當員工發生職業災害事故，公司對員工有賠償責任時，勞保的職業災害給付可以抵充公司對員工的賠償責任。例如，員工在工廠工作中滑倒，醫藥費、精神損失及勞動力減損達一百五十萬元，假設勞保給付員工一百萬元，這時候公司只需要再給付五十萬元給員工即可。因此，幫員工保勞保，對公司來說是利人利己的事情，畢竟天有不測風雲，再安全的工作都有職業災害的可能，做好準備不怕萬一。

再提醒一點，如果公司員工不滿五人，而且決定不幫員工投保勞保時，公司還是要幫員工加保就業保險與提繳勞工退休金，除非你完全確定員工不符合就業保險及勞工退休金的適用條件。另外，因為勞保裡面的職業災害保障，對公司跟員工來說都有好處，因此目前行政院已經通過「勞工職業災害保險及保護法」草案，如果這個草案照現有版本經立法院通過的話，那麼即使未來員工不滿五人，公司都必須要幫員工投保職業災害保險。

你可能也會有疑問，如果沒有僱用任何員工，只有負責人自己，負責人可以投保勞保嗎？很抱歉，在這種情況下，公司是無法成立勞保單位的，此時負責人就只能加保國民年金。

勞保保費對公司來說通常是很有感的負擔。普通事故的保費由員工、僱主及政府各自負擔一部分（比例是員工二成：僱主七成：政府一成），職業災害保費則全數由僱主負擔。因為勞保保費是按照員工投保薪資計算，因此當員工的投保薪資愈高，整體的勞保保費也就愈高。

談到這邊，你應該會好奇，所以全部加起來，聘請一個人公司到底需要負擔多少勞保保費。取決公司行業的風險，勞保保費由公司負擔的部分（也就是普通事故保費的七成＋職業災害保險保費的十成）約是員工投保薪資的七％到八％之間，也就是說，假設你用四萬元請一名員工，你需要支出兩千八百元到三千兩百元不等的勞保保費。自二〇二一年開始，勞保費率再度調漲〇・五％，因此有些公司負擔的部分會超過八％。繳費作業上，不管是公司負擔部分還是員工自負額，統一都是由公司支付給勞保局，公司再從員工的薪資中扣除。

就業保險

就業保險的目的是在勞工失業等期間提供保障給勞工，像是一般常聽到的失業給付、育嬰留職停薪津貼，以及職訓生活津貼等，都是就業保險的給付項目。一個員工要處在穩定可工作的狀態，培育的過程其實需要很多成本，這些成本如果都只由國家負擔，對其他的納稅人也不公平，因此法律規定，直接享受好處的僱主也要針對培訓勞工、穩定勞工生活負擔一部分的成本，這也是為什麼就業保險的保費要由僱主幫忙繳納的原因。只要是十五歲到六十五歲的本國勞工，原則上都是就業保險的承保對象。外籍員工比較複雜，除非他與我國境內設有戶籍的國民結婚，並且獲准居留依法在台灣工作，不然就不適用就業保險。

另外，不管公司員工人數有多少，只要有一個員工，公司都要幫員工投保就業保險，只有少數例外情形不用。

就業保險保費和勞保保費一樣，也是按照員工投保薪資計算，員工與僱主都要支付，投保薪資愈高，保費也就愈高。就業保險保費由公司負擔的部分，約莫是員工投保薪資的〇・七%左右，以薪資四萬元計算，你必須支出兩百八十元。

積欠工資墊償基金提繳

天有不測風雲，萬一公司倒閉、宣告破產，導致積欠工資、退休金，或遣散費時，公司總不能用「人有旦夕禍福」來搪塞員工吧。但員工如果真的不幸碰到公司沒錢付，甚至是不願付，這時「積欠工資墊償基金」制度就上場了。員工可以向勞保局提出申請，由積欠工資墊償基金先墊付給員工，再由公司償還給積欠工資墊償基金。只要是符合勞動基準法所稱的勞工，就有適用積欠工資墊償基金制度。

這個基金的錢也與開公司的你有關，身為僱主，平時每月支付勞保或就業保險費時，就得一併提繳部分金額給勞保局，作為積欠工資墊償基金所用。公司每個月要負擔的積欠工資墊償基金提繳費，是員工投保薪資總額〇・〇二五%，以薪資四萬元計算，是十元。如果公司確定僱用的員工不適用勞動基準法，此時可以在幫員工加保勞保時另外申請免提繳積欠工資墊償基金費用。

勞工退休金

現在開公司，只要是適用勞動基準法的員工，退休金部分都是適用所謂的勞退新制，也就是公司必須按月提繳員工的退休金，儲存於勞保局設立的勞工退休金個人專戶。勞工退休金跟勞保是兩個完全獨立分開的概念，不管公司有沒有幫員工投保勞保，公司都有幫員工提撥勞工退休金的義務。公司每個月要替員工提撥的勞工退休金，是員工薪資的六％，以薪資四萬元計算，是兩千四百元。

全民健康保險

健保保費分為兩塊：「一般保費」與「補充保費」。一般保費按照員工投保薪資計算，員工跟僱主都要負擔，投保薪資愈高，保費也就愈高。二〇二一年開始，健保費率再度調漲，調漲之後，一般保費由公司負擔的部分約莫是員工投保薪資的四・九％。

除了一般保費，公司每月給付給員工的薪資所得總額，如果高於給付員工當月全民健保投保金額總額，就超出的部分公司必須按二・一一％的費率繳交補充保費[1]。

繳費作業上，統一都是由公司支付給健保局，公司再從員工的薪資中扣除一般保費中由員工負擔的部分。

如何辦理？

這些手續其實相當簡單，因為勞保、勞工退休金，以及健保，在加退保及提繳程序上，都已經三合一了。只要上勞保局網站，你可以找到勞保、勞退及健保三合一的投保單位成立申報書，填寫完畢提出申請後，你的公司就成為投

1 健保的補充保費，按照負擔人來區分，可分為由公司負擔及由保險對象負擔兩類。此處介紹的是由公司負擔健保補充保費的情況，本書第八章則是介紹由保險對象負擔補充保費（但須由公司代扣代繳）的情況。

勞工保險 8%

就業保險 0.7%

積欠工資墊償基金提繳 0.025%

勞工退休金 6%

＋ 全民健康保險 4.9%

=19.625% ＝＞ 大約等於 20%

保單位。日後當你的員工到職時，公司填寫勞保、勞退及健保三合一的投保申報表提出申請即可。而且只要你的員工符合就業保險資格，勞保局會主動將你的員工納入就業保險，因此公司不需再另外申報參加就業保險。一旦完成加保程序，公司就會定期收到各項保費提撥繳納通知了。在公司員工不滿五人而不自願加保勞保的情況，此時公司是填寫就保及勞退二合一表格給勞保局，再另外向健保局成立投保單位。

人事費用比你想的龐大

上面講了好多項費用，你是不是

昏頭了呢？我們來計算一下到底是多少錢吧。

所以，當你以月投保薪資四萬元僱用一個員工時，實際上必須再額外支出約莫八千元的保費及勞退等綜合開銷。

因此開公司當老闆，僱主其實有很多隱性成本，這可能是你還沒當老闆之前沒有仔細思考過的。如果再考慮給員工的一些福利、三節獎金及年終獎金，你會哀嘆：當老闆原來是很辛苦的！

12

相愛容易相處難——解僱、試用期與定期契約

人們總說「相愛容易相處難」，其實員工與公司之間也是如此。雖然說招聘本身牽涉許多法律議題，但更讓多數創業者頭痛的，通常在如何領導員工、如何處理員工糾紛的管理問題上。許多創業者在面臨不得不送走員工時，才體會「分手需要智慧」也適用勞資問題。因此我們先從解僱開始談，再來談試用期與定期契約。

解僱

喬治・克隆尼主演過一部電影《型男飛行日誌》，俊帥的他在電影中前往美國各地幫僱主解僱員工，他總是委婉地說：「你已經被要求離開了。」（You' ve been let go），然後安慰眼前受傷的心靈。看起來解僱好像很容易？

但請注意，這是美國電影，不適用於台灣。

在台灣，公司不能隨意解僱員工，如果要解僱員工，必須要符合特定的法律條件。能合法解僱員工的情形分為兩種：

1. 不能歸咎員工或員工沒有犯錯的「**非懲戒性解僱**」；以及
2. 可以歸咎於員工的「**懲戒性解僱**」。

兩者最大的差別在於，在非懲戒性解僱的情況，公司不但需要付資遣費，而且解僱前必須提前一段時間通知員工，法律上稱為「預告期間」。在預告期間，員工不但有權正常上下班領薪水，而且為了要找下一份工作，還可以在上班時間請假外出求職，只要每星期不超過兩天，公司仍然要給薪。如果公司沒辦法給預告期間，或者不想要夜長夢多，希望員工立即走人，公司也可以改發預告期間的工資給員工，以取代預告期間。但如果是懲戒性解僱，公司不用付資遣費，也不需要給予預告期間，當然員工就更沒有請假外出找工作薪水照拿的權利。

在什麼情況下，公司可以祭出懲戒性解僱，通常就是勞資關係已經受到嚴重傷害的時候，例如應徵時使用假的學歷資料讓僱主誤信而錄用、在工作上對僱主或同事施暴、故意損耗公司的機器產品、故意洩漏僱主技術營業秘密、無正當理由連續曠工三日或一個月內曠工達六日者等等。如果員工真的做了這些事，會被認為是滿可惡的，所以法律上給予僱主直接解聘不須付資遣費的權力。

非懲戒性解僱，法律上也稱為「經濟性解僱」，還可區分成兩類原因：

- **公司營運不善：**當公司歇業或轉讓、虧損或業務緊縮、不可抗力暫停員工工作一個月以上，或業務性質改變而必需減少勞工，又無適當工作可供安置時。
- **員工能力不足：**員工因自身能力不足。無法勝任工作。

以上兩種情況，不是員工真的犯了什麼錯，只是公司自己經營有狀況，或員工能力不好，如果這時候要解僱員工，法律要求公司給資遣費與預告期間。

至於資遣費如何計算？在二〇〇五年七月一日以後，所有的勞工都是採勞退新制計算，每滿一年的服務期間，應該給予半個月的平均工資，未滿一年者按照比例計，最高以六個月平均工資為限。假設，漫畫裡的小誠如果是在公司

資遣費計算

工作 3 年 8 個月時的資遣費：

〔3 年＋（8 個月 ÷12 個月）〕×0.5 ＝ 1.84

工作五個月時的資遣費：

（5 個月 ÷12 個月）〕×0.5 ＝ 0.21

預告期間

繼續工作期間	預告期間
3 個月～1 年	10 天
1 年 ~3 年	20 天
>3 年	30 天

裡工作三年八個月後才因為公司歇業而被資遣，此時小誠就有權領取一・八四個月的平均工資作為資遣費。但漫畫裡的小誠因為是工作五個月就被「資遣」，因此資遣費就只有〇・二一個月的平均工資。

至於預告期間要給多久，法律上也是依據工作時間長短來決定，在小誠工作三年八個月的情況會是三十天的預告期間；如果是小誠只工作了五個月，預告期間則是只有十天。

看到這，你似乎鬆了口氣，公司可以解僱員工的情況很多嘛！大不了付資遣費與預告期間工資囉。且慢，現實生活不是只有法條看起來這樣。為了要保障勞工，法律上要求公司解僱員工（法律上稱為「終止」勞動契約），必須是對員工的最後手段，如果還有其他方式可以選，就不應採取解僱的方式。

以員工「對於所擔任之工作確不能勝任」這個解僱事由來說，就算你覺得這個員工真的能力有問題，你也不能直接以此為由，馬上跟他說「你被炒魷魚了」。你必須做出努力，例如多次明確與員工溝通他的表現、給員工合理的改進時間與機會，以及派資深員工輔導，甚至安插轉換職位等等。真的要以「能力無法勝任」為由解僱員工，實際上的程序往往會拉得很長。

又例如，想以「虧損」為由解僱員工，也不能因為公司的生意一變差就向員工開刀，解僱依然是最終手段。公司的虧損狀態應該持續一段時間，並持續擴大，如果不裁員來減少支出，公司便無法經營，這時才能以虧損為由合法解僱員工。

而且，你注意到了嗎？我們前面提到，員工無法勝任工作是非懲戒性解僱事由之一，講的是「能力」不能勝任，而不是員工人際相處的問題。如果員工

懲戒性解僱事由

一、於訂立勞動契約時為虛偽意思表示，使僱主誤信而有受損害之虞者。
二、對於僱主、僱主家屬、僱主代理人或其他共同工作之勞工，實施暴行或有重大侮辱之行為者。
三、受有期徒刑以上刑之宣告確定，而未諭知緩刑或未准易科罰金者。
四、違反勞動契約或工作規則，情節重大者。
五、故意損耗機器、工具、原料、產品，或其他僱主所有物品，或故意洩漏僱主技術上、營業上之秘密，致僱主受有損害者。
六、無正當理由繼續曠工三日，或一個月內曠工達六日者。

非懲戒性解僱事由

一、歇業或轉讓時。
二、虧損或業務緊縮時。
三、不可抗力暫停工作在一個月以上時。
四、業務性質變更，有減少勞工之必要，又無適當工作可供安置時。
五、勞工對於所擔任之工作確不能勝任時。

都有把工作做好，也沒有影響到其他同事工作，那麼即使你覺得這個員工老是翻白眼、休息時總是陰沉地坐在角落……雖然你已經有一萬個不喜歡他的理由，都不構成合法的解僱事由。

解僱一個員工，必須要有懲戒性解僱或非懲戒性解僱的事由，而且解僱還必須符合最後手段性，如果是非懲戒性解僱還要給資遣費與預告期間，這一切對公司來說都是關卡與負擔。因此要僱用一個員工前，公司確實要多用心，好好地進行招聘選人，免得發生請神容易送神難的困擾。

試用期

既然要解僱一個員工不是那麼容易，為了防止找錯人，公司是不是可以拉長試用期，例如半年甚至一年，確定這個員工跟大家合得來、能力也可以，才把員工轉為正式員工？

一般人想到「試用期」，會覺得意思就是「可以隨時叫員工走人」。雖然試用期已經是台灣企業常見的實踐與習慣，但這裡要告訴你，台灣的法律並沒有正式規定試用期，而且究竟試用期間叫一個員工離職，需不需要有前面講的懲戒性或非懲戒性解僱事由，勞動部與法院的解釋是不一樣的。

勞動部基於保護勞工的立場，認為如果要在試用期間解僱員工，仍然必須有法律規定的解僱事由，而且還要給予員工資遣費。但按照勞動部的解釋，試用期跟正式員工幾乎已經沒有差別，那還需要試用期嗎？

所幸，法院才是解釋法律的最終機關，多數的法院判決都接受試用期的約定，認定試用期間僱主在解僱權上有較大的彈性，除非僱主濫用權利，否則只要僱主覺得員工不適合，也能提出合理事由與相關證明，原則上就可以終止勞動契約。

至於試用期終止勞動契約究竟有沒有資遣費的適用？目前，實務上有不同的見解，因此如果在試用期間真的必須解僱員工，一般都會建議給予員工一些補償，例如還是發給員工資遣費或者加發幾天的工資。以做滿三個月試用期卻被要求離開的員工來說，此時就算發給資遣費也只需要發〇・一二五個月的薪水（三個月÷十二個月×〇・五＝〇・一二五），相當於三天多的工資，這對公司來說可能不是太大的負擔，但對和緩員工關係及維護公司形象卻有正面作用。

至於試用期最長可以多久？如果約定一個過長的試用期，有可能被法院認為違反誠信原則或濫用權利，導致試用期約定被認定為無效。每個產業、每家公司的業務類型差異很大，很難有統一的標準，只要跟職務類型搭配得起來，合情合理，法院多半是接受的。如果產業或職務類型沒有特殊需求，一般都會建議試用期不要超過三個月。

但如果試用期快要結束，還是不確定員工適不適合怎麼辦？法律目前沒有規定是否可以延長，以目前實務來說，延長一次，而且延長的期限不超過第一次試用期的長度，通常會被接受。另外，要強調的是，試用期期間員工仍然享有勞基法的各種權利，包含工資、工時及休假等規定，千萬不能以員工還在試用期間的理由，就將勞基法給員工的權利打折。

定期契約

那你可能繼續會問，可不可以用約聘制？半年或一年聘，這樣萬一碰到天兵的員工，最差的狀況就是時間到不再續聘。

法律上其實沒有「約聘制」這個詞，一般我們說「約聘制」，在法律上指的是「定期契約」，期滿就自動終止，公司不用特別辦理解僱程序或給資遣費。這樣聽起來，約聘制似乎應該對公司最好，可不可全面採用？

很抱歉，因為定期契約對員工來說有很多不利的地方，所以台灣的勞動契約原則上都是不定期的，定期契約是例外。也就是說，除非符合定期契約的條件且事先約定清楚，要不然一旦公司錄用一個員工，彼此間的勞動契約就是持續存在，直到員工或公司任一方依據法律規定提出終止時才會結束。

那什麼情況可以訂立定期契約？定期契約有四種，分別是臨時性、短期性、季節性及特定性四種：

1. **臨時性：**無法預期之非繼續性工作，其工作期間在六個月以內者。例如，百貨公司促銷活動人潮超乎預期，需要增加人手在現場舉牌及維持秩序。

2. **定期性：**可預期於六個月內完成之非繼續性工作。例如公司有員工出車禍，必須在家靜養三個月，在其靜養期間，公司另外聘請的職務代理人。

3. **季節性：**指受季節性原料、材料來源或市場銷售影響之非繼續性工作，其工作期間在九個月以內者。例如，水蜜桃採收季臨時需要增加員工幫忙採收。

4. **特定性：**指可在特定期間完成之非繼續性工作。但其工作期間超過一年者，應報請主管機關核備。例如，大學因特定研究計畫聘請的專案助理。

依據勞基法規定，只有符合上述四種類型的工作，公司才能與員工簽署「定期契約」，否則只能簽不定期契約。而且，為了防止僱主與員工不斷地續簽「定期契約」，以「定期契約」之名行「不定期契約」之實，因此法律也規定了兩種「定期契約」會被認定是「不定期契約」的情形，一是定期契約結束後，員工繼續工作而僱主也沒有反對意思，另一個是僱主與員工有續簽一個新的定期契約，但前後契約間斷時間沒有超過三十日，而且前後勞動契約的工作期間超過九十日。

定期契約與不定期契約，只是在約定工作期間方面有不同，但在其他方面的勞動條件，二者勞工都是相同的，公司仍然必須依據勞基法的規定給予各項待遇。

到此為止，我們整理一下觀念，只有符合四種特定類型的工作，公司才可以與員工簽定期契約。因此，多數的情況下，員工與公司的勞動契約是不定期契約，員工經過合理的試用期後變成正式員工，之後除非是員工自願離職或依照其他法律規定提出終止勞動契約的要求，否則公司要有法律規定的解僱事由才能解僱一個員工。

13 相處不心累——工作時間、責任制及競業禁止

上一章我們從與員工分手出發，討論解僱、試用期跟定期契約的問題，你已經理解到要讓不適合的員工離開，其實不是那麼容易。這一章我們談相處，談幾個多數創業者一開始創業都會問的員工管理問題。

工作時間

要不要叫員工加班、要不要給加班費，一直是許多公司頭痛的問題。

在員工管理的問題上，我一向用「己所欲，施於人」來勉勵創業者。回想你自己當員工時，是不是也很討厭加班？或者痛恨一直加班卻沒有加班費？有趣的是，當你開始創業時，你的「腦袋」可能就變了。當你變成老闆，你可能因為太興奮或急著追求成長，希望員工跟你一樣為公司打拚，希望個個都是不

正常工作時間：一日 8 小時，一週 40 小時

▶ 適用所有公司

▶ 例外：

責任制員工

適用變形工時制的企業

用睡覺的無敵鐵金剛。但是，說到底，員工畢竟不是老闆，他沒有義務要把生命都奉獻給公司。讓員工正常上下班，充分地休息，不但能激發員工更好的工作表現，而且也有助於降低流動率，整體說來對你的公司幫助更大。

當然，這不是說你完全不能要求員工加班。畢竟創業初期或者處在成長期的公司還是會有許多突發狀況需要處理，所以身為公司負責人，除了在人事管理上你要保持彈性跟人情味外，一定也要清楚知道法律上的「加班」是什麼，才能估算公司要付出的金錢成本、管理成本及機會成本，也才因此能做出更好的決策。

好啦，所以接下來這裡就要先討論，究竟什麼情況構成「加班」。

勞基法規定的正常工作時間，是每日不得超過八小時，每週不得超過四十小時。除非是採用「變形工

時」[1]或俗稱「責任制」的員工，否則一般的員工都適用勞基法規定的正常工作時間。

在員工的工作時間每天不超過八小時，每週總時數不超過四十小時的情況下，公司只需支付正常的薪水，不需要再給加班費。但如果員工的工作超過法定的正常工作時間，就超過的時數部分（法律上稱為「延長之工作時間」），公司就需要給加班費。舉例來說，漫畫裡的員工小誠如果為了幫學姐芮儀打字與製作EXCEL報表，上星期三當天一整日工作了十一小時，那麼前面八小時是正常工作時間，第九到十一小時就是加班，後面這三小時必須另計加班費。

在程序上，公司如果希望合法提出加班的要求，公司就必須先經過工會[2]或

1 為了讓僱主能夠更有效地運用人力，勞基法允許僱主在某些條件下，適用二週、八週，以及四週變形工時規定，將正常工作時間分配到其他工作日。所有行業的公司都可以採用二週變形工時，只需要經過工會或勞資會議同意；但如果想採取八週及四週變形工時，除了必須要經過工會或勞資會議同意外，還必須是勞動部指定的行業。八週變形工時的行業例如加油站及批發零售業，四週變形工時的行業如餐飲娛樂業及銀行業。如果正常的工作時間分配不能滿足你公司的人力需求，你可以向律師請教如何安排變形工時。

2 這裡說的「工會」指的是企業工會，由企業內部勞工三十人以上按照工會法之規定連署發起並登記成立之組織。

■ 正常工作時間及加班時數上限

期間	正常工作時間	可延長的工作時間上限	可延長的工作時間上限（如取得勞資會議或工會同意可拉高加班的時數上限）
每天	8	4	4
每星期	40		
每月		46	54
每三個月			138

（單位：小時）

勞資會議[3]整體地同意加班後，再就每一次加班的要求，取得個別員工的同意。但就算公司願意付加班費，公司也不能無限制地要求員工加班。為了避免員工過勞，勞基法已經規定，一個勞工正常工作時間連同加班，每天不得超過十二小時，而且每個月的總加班時數不得超過四十六小時；但如果工會或勞資會議再額外同意拉高加班時數上限的話，每個月的總加班時數上限可以由四十六小時最高提高到五十四小時，但每三個月的總加班時數必須限制在一百三十八小時以內（如果公司員工人數在三十人以上，此時要報當地勞動主管機關備查）。

不過，員工的休息時間是不用計入工作時間的。目前勞基法規定，一個勞工每繼續工作四小時，至少應有三十分鐘的休息時間。所以像是中午用餐的時間，或者有些幸福企業安排的下午茶休息時間，都可以不計入工作時間。但這有個前提，休息時間必須是真的休息，員工要可以自由行動，僱主在這段時間內不能指揮監督員工。如果在休息中，員工還得待命或邊開會邊吃便當，甚至是利用休息時間幫老闆辦點事的話，這樣的休息其實都還是工作，必須計入工作時間。

休假與加班

至於「假日」期間，也有可能要求員工來工作。「假日」工作可以分成這幾種情況：例假、休息日、國定假日與特別休假，而我們這本書主要談前面三

3 勞資會議是公司內部由勞方代表和資方代表共同組成之定期會議，勞工藉由勞資會議因而可以參與公司的經營管理。按照勞基法的規定，凡是適用勞基法之公司都應該要舉辦勞資會議。

種。最後一種情況「特別休假」，即俗稱的「特休」，是員工在公司繼續任職滿一定期間所能額外享有的假期，例如任職滿六個月就有三日的特休[4]。因為特休是公司與員工雙方自行協商排定的，因此實際上請員工在特休日工作的情況較為少見，而且從管理的角度來看，為了保持和諧的員工關係、維持員工的士氣，也建議你盡量避免在員工特休時還要求員工回來工作。因此，這裡我們就不多談在特休日工作的情況。

在開始講假日工作之前，我先講一個大觀念。假日要員工來工作，一定都會需要付加班費給員工或給員工補休（甚至有些情況兩者都要給），但是員工在假日的工作時間，有些時候不用計入前面提到的每月總加班時數以計算是否達到上限。什麼！這麼複雜？是的！勞基法為了保留彈性，因此規定了些例外狀況，而這些「好意」的例外，使得勞基法在假日工作這一塊顯得相當細瑣。即使我下面的介紹已經盡量化繁為簡，你可能還是會讀到眼冒金星。無論你了解了多少，你都至少要建立起一個基本觀念：知道什麼是「一例一休」。等到你實際遇到具體的假日加班問題時，可以再進一步請教你的律師。

我們經常聽到「一例一休」，指的是法律規定每七日為一個週期，其中一日必須是「例假」，另一日必須是休息日。大部分的企業都適用一例一休的規

一例一休

▶ 適用所有公司

▶ 例外：

- 責任制員工
- 勞動部依照勞基法第 36 條第 4 項指定的行業
- 適用變形工時制的企業

定，除非是俗稱的責任制員工、勞動部特別指定的行業[5]，以及適用變形工時制的企業屬於例外。不過，例假與休息日都不一定要在週六週日，可由公司與員工協調約定，所以像是餐飲業或服務業這一類的公司，就有可能把例假跟休息日約定安排在週間的時候。

例假：例假與休息日最大的差別在於，例假原則上不能要求員工工作，即使員工自願來工作也不行，只有在符合嚴格的「天災、事變或突發事件」例外情況，才能讓員工工作，此時公司必須在事後二十四小時內向地方勞工主管機關通報，而且除了要加倍發給加班工資外，還必須讓員工事後補休。

4 關於特休，年資與相對應特休日數這方面的資訊比較細瑣，有興趣的話可自行參照勞基法第三十八條第一項。

5 指勞動部依照勞基法第三十六條第四項指定之行業，像是食品飲料製造業、汽車客運業及燃料批發業等。

例如，二〇二〇年 Covid-19 肺炎疫情嚴重，勞動部就認為屬於勞基法上規定的「事變」。因為例假要能合法工作都是在天災、事變或突發事件這種特殊狀況，所以法律就規定，這種情形下員工在例假當天的工作時間是不用計入每月加班總時數的。

休息日：休息日就不一樣了，如果個別員工同意，公司可以要求員工來工作，只是員工在休息日的工作時間都要當作法律上的加班時間，來計算是否超過每月總加班時數上限，除非是因天災、事變或突發事件的例外情形才不用計入。

國定假日：至於國定假日呢？只要個別員工同意，也可以請員工在國定假日工作。因為事前已取得個別員工同意，因此請員工在國定假日來工作，只有當天工作時間超過八小時的部分，才需要計入每月總加班時數上限，同樣地，如果是因天災、事變或突發事件的例外情形都不用計入。

好了，你現在大概知道有關加班的大致規定了，至於加班費如何計算，是一個相當複雜的問題。根據加班是發生在平日、休息日、例假還是國定假日的時間而有不同的計算方式，另外月薪制跟部分工時制也有不同。幸好勞動部的網站有加班費計算器，可以直接上網了解。

因為加班費常會造成公司額外的成本負擔，因此一般都會建議公司要求員工必須在加班事前提出申請，由公司依照合理原則審核通過後，員工才能加班並領取加班費。不論公司的員工有沒有需要加班，請注意公司都需要妥善保管出勤記錄至少五年，而且出勤記錄記載員工的上下班時間單位不能只到小時，要到分鐘為止。再者，如果你的員工要求出勤記錄副本或影本時，法律規定公司是不能拒絕的。

出勤記錄是勞動檢查的一個重點，員工有沒有加班及公司有沒有按規定發給加班費，都要靠出勤記錄來做佐證，因此法律上把妥善保管出勤記錄設定為是僱主的義務，沒有保管好出勤記錄長期以來一直是勞動檢查開罰原因的前幾位（如果不是第一位的話）。如果公司沒有保存出勤記錄，不但勞動檢查時可能被罰，將來公司跟員工有爭議時也會因爲沒有證據而處於不利的地位。

責任制

相信多數的創業者，會希望所有的員工都是「責任制」。尤其是愈需要創

勞基法第 84 條之 1 工作者

1. 監督、管理人員或責任制專業人員。
2. 監視性或間歇性之工作。
3. 其他性質特殊之工作。

造性或有很多突發性意外的工作，工時往往無法控制，如果這時候總是要計算加班時數與加班費，對多數公司來說，不但是經濟負擔，行政管理成本也大幅增加。不過，責任制既然對公司有利，法律當然不能隨便讓公司決定要不要適用。

責任制其實只是一個我們約定俗成的用語，法律上其實沒有「責任制」這個名詞。一般我們在講責任制，隱含的概念是指工作時數可以較長、沒做完假日可以要求來加班、可以不需要付加班費等，這在法律上我們稱為勞基法第八十四條之一工作者。

適用勞基法第八十四條之一的工作者，簡單來說，可以分為兩大類：

看行業：屬於被勞動部核定的特定行業人員就適用，不看薪水。包含銀行業及廣告業經理級以上之人員、律師事務所的受僱律師、房屋仲介業的不動產經紀人員、廣告業客務企劃人員、影片製作業之燈光師攝影助理、旅行業之導遊及領隊人員等等……其他被列進去的行業其實還有不少，勞動部的網站可以找得到詳細的清單。這些行業的工作，有的是因為具有監督管理性質，有的是因為是專業人員，再有的是因為是監視性、間歇性或其他特殊性質，法律認為已經不再適合用一般的正常工作時間來規範，因此給予公司較大的彈性空間，允許工作時間可由勞僱雙方自行約定。

看薪水：月薪十五萬元以上的監督管理人員就適用，不限行業。這些工作者在工作時間、例假、休假及女工夜間工作四方面，不適用勞基法的一般保護規定。有沒有達月薪十五萬元，是以「經常性薪資」為判斷依據，不包含獎金、分紅及年終獎金等加給，也不是看年薪。而且除了薪資外，這一類的監督管理人員，必須是負責公司的經營與管理，對一般勞工的聘用、解僱或勞動條件有決定權。如果只是薪資高於十五萬元卻沒有這些權力，仍不能構成勞基法第八十四條之一工作者。

如果你的公司有人員符合上面任一種情況，希望能夠適用勞基法第八十四條之一，此時公司必須先與該名人員協商約定好，讓他同意不適用一般的工時休假規定，然後將約定書送給所在地的勞工局核備。核備是一個必要程序，如果沒有報請核備，那麼即使符合資格，一樣還是得遵守受勞基法有關工作時間等所有規定的限制。

另外，即使公司與員工約定好，但這也不是表示公司可以毫無人性地要求一個員工一個月工作四百個小時。公司在與勞基法第八十四條之一工作者約定工作時間時，還是要參考勞基法的標準，不可以損害勞工的健康與福祉。為此，各地勞工局針對勞基法第八十四條之一工作者都訂有工作時間審核參考指引，當公司向各地主管機關提出核備申請時，各地主管機關都會依據這些指引來決定是否核備，以達到保護勞工的目的。

一旦勞工局同意核備後，如果未來員工的工作時數超過雙方約定且經核備的工作時數，公司還是需要給付加班費。而且勞基法第八十四條之一工作者只是不受限於有關工作時間、例假、休假，與女性夜間工作四方面的規定，勞基法裡面的其他保護規定，例如解僱、資遣費、職業災害等規定，這類工作者仍然適用。

兼職及競業禁止

我們都希望員工能專心在公司的工作上，不要在外面兼職，不過員工下班後能不能兼職，勞基法其實是沒有明文規定。目前一般實務都認為，只要沒有影響到工作、沒有損害到僱主的利益，員工是可以自由在外兼職的。

那麼，什麼樣的兼職會損害到僱主的利益？最典型的情況是去公司的競爭對手或在與公司有競爭關係的事業兼職。因為，這樣的兼職可能無形中洩漏公司機密，或造成公司喪失競爭優勢，因此如果僱主事前有明白地讓員工知道，公司限制員工去競爭對手或在與公司有競爭關係的事業兼職，這樣的約定通常會被認為有效。如果員工違反約定，公司可給予某程度的處分，情節嚴重的話，公司甚至可能可以解僱員工。

上一段談的，就是一般所稱的「競業禁止」規定，而且是員工還在公司任職時的競業禁止。在僱傭關係下，員工通常被認為有忠誠跟保守公司秘密的義務，因此衍生出在職期間合理的競業禁止規定。但如果員工離職了呢？公司是否還可以約定競業禁止？

離職員工是否也應該遵守「競業禁止」規定？過去有很長一段時間，在法律上並不明確，因此被不少公司濫用，許多公司要求員工離職後一定期間內不得從事與公司相同或類似的工作，違反的話要賠償一定的違約金，導致員工離職後的就業自由大為受限。

而且，會對員工祭出離職後競業禁止規定的行業，不限於高科技業，就連一般的零售業及教育事業都用過競業禁止條款。因為離職後競業禁止條款被用得過於浮濫，後來勞基法終於修法，明確地規定離職後競業禁止條款的適用條件。

以目前的法律規定來說，公司與離職員工約定的競業禁止條款要有效，必須公司本身要有值得保護的正當營業利益，而且員工在公司擔任的職位或職務，要能接觸或使用公司的營業秘密。比方說，公司的電話總機人員平時的工作內容全都是接待倒茶水等一般庶務，根本接觸不到公司的營業秘密，這時候法律就不允許公司對電話總機人員祭出離職後競業禁止條款。

再來，限制員工離職後競業禁止的期間、區域、職業活動之範圍及就業對象，都要合理。以區域來說，就不能說公司的業務範圍明明只在台北，離職後競業禁止的地理範圍卻涵蓋整個台灣甚至東南亞。而整個離職後競業禁止的期間，最長不得超過二年。最重要的是，離職後競業禁止條款因為是對員工就業自由與經濟自由的重大限制，因此公司必須對員工做出合理補償，每月補償金額不可以低於員工離職時每月平均工資的一半。

其實，就算法律沒有針對離職後競業禁止條款規定這麼多的法律要件，你可能都要好好想想是不是真的有需要針對離職員工做這麼多的限制。實務經驗上，有一些離職後競業禁止條款操作的結果是兩敗俱傷，公司的形象跟在職員工的士氣都受到影響。因此，在約定離職後競業禁止條款前，建議你要認真思考，確認公司有這個需要再向員工提出。

第五課

無形資產戰爭

智慧財產權

被競爭對手攻擊了！

這一課，你會學到——

- ▶ 商標權
- ▶ 專利權
- ▶ 著作權
- ▶ 營業秘密

智慧財產權，是近年來最熱門的主題之一。
它是一種財產權，維護研究、思考後的最終發明和表現的權利以及利益。
是人類的無形財產。
一般來說，講到智慧財產會聯想到的都是專利權。
沒錯，但還有商標權和著作權，以及愈來愈熱門的營業秘密。
本次我希望您投資的新創事業，正是要協助企業，進行全面的智財布局！
有意思。
願聞其詳……

也就是全方位的智財顧問公司！
智慧財產權的戰爭，台灣想必很快就會進入白熱化。
連沒有營運的專利蟑螂，都可能向台灣公司提起專利訴訟。
與其處理這些麻煩的事物，不如就先防患於未然吧！
另外，幫助國內公司於國外市場登記商標，避免被抄襲。也能保障我們自己人。
和總是野心勃勃、唯利是圖的印象不同，
沒想到Roger你會想成立這麼正面的事業。
以為你對當蟑螂比較感興趣呢！
哎唷，創業就要社會共榮共富貴嘛！蟑螂什麼的～我才沒有想過呢！
蟑螂在美國才有龐大利益，台灣和解金並不高。當隻蟑螂其實無利可圖。

我們智財顧問公司業務中最重要的是…將智慧財產商品化轉賣、授權或投資，協助客戶獲取財務績效！
將智慧財產變現獲利！
柏儀先生你的投資，絕對會值得的。
學生時代，我還想過成為商務律師幫助企業正向發展呢……
但是到最後，還是繼承了家裡的事業。
投資您的新公司也算是從另一個角度實現夢想吧！
請多多指教了。
柏儀
家族辦公室主管

……關於新公司
你能找到優秀律師合作，可真幸運呢！
幾次擴展新事業，李必盈律師都幫了我許多忙，
成立智財公司可以說是水到渠成！
經營事業最重要的其實是家人和朋友。
說到這個，我最近有個煩惱
……我拿給你看
這個是？
有夠眼熟啊……
我妹妹開來玩的公司做的吉祥物。

她拿我給她的零用錢投資了新創電商公司，
我給她錢，是想讓她輕鬆！家裡又不缺她發展事業……
養一輩子都行！
氣死我了。現在連手機訊息都回覆得很慢。當我是塑膠嗎！
你有沒有什麼方法讓年輕人玩物喪志？
我記得你對忽悠他們特別有一套！
呵
柏儀先生，您說的妹妹該不會是……？
偉祺公司辦公室
這隻豬醜斃了啦！

給你設計費就不錯了，好心給你的設計曝光，給你機會，你卻還想多拿錢？
現在才嫌醜，之前給妳看時不是一直讚不絕口！
當初契約只寫說放在網站上，可沒有說要給你們拿去做周邊商品！
最好趕快給我付錢！
啪！
老闆又對設計師抓狂了……
好啦，學姐……妳別這樣
看在小豬看久了還是很可愛的份上，別生氣了！
乖啦乖啦！

設計師並不是我們的員工，我們當初沒約定好，所以不享有他設計的著作財產權……
只能說擁有一個可以利用該作品的權利……
如果是我們的員工，才擁有著作財產權。
這件事是我們不對喔！
問過律師了！
嘖
外包設計師換一個不就好了！難道還欠設計師？
會影響名聲啦！
對公司外部人員也好點！
當初創業登記時的商標設計也是麻煩設計師，畢竟我們自己做不來呢！
說到商標……
偉祺，網站名稱有登記商標吧？
嗯？LOGO當然有登記啊？
好吧！
食好多
嗶—

您好，這裡是食好多在家料理網！
你好，這邊是XX餐廳。是這樣的，你們賣的的泰式調理包已經過期了。
這邊希望可以退貨！
我們這邊沒有賣泰式調理包欸？調理包目前都是義大利進口的。
?
?
我的確是在你們愛呷飽公司進貨的！麻煩你們確認清楚！
掛掉－
偉祺，我們確實沒有進口泰式調理包，對嗎？
沒有啊？

商標是營業或交易過程中，用來指示商品或服務的來源。
有註冊的商標才有完整的法律保護，被侵害導致品牌混淆時才有完整的救濟管道……
由於特別重要，申請時，智慧財產局需審查有無與其他品牌雷同，過程有時相當冗長…
這下問題確實有點麻煩了…
競爭者看起來是衝著你們，也許要打官司。
而且現在你們公司的資金燒得差不多了，正是需要向外募資的時候……
投資人可能會注意到你們這場糾紛。
我沒想到，我們公司名稱「愛呷飽」，會被競爭者搶先註冊商標…
明明盈律師提醒過我要早點開始…
天啊…

商標申請是比賽時間的。
愈早愈佔優勢。
所以當初才會建議你們也要針對公司名稱申請商標！不只是申請電商平台名稱！
因為，經濟部核准你使用這個公司名稱，不代表就因此擁有商標權。
但你如果現在才遞出一個跟別的公司一模一樣的商標申請，是不會被核可的。
畢竟對方是競爭者，指定的商品服務範圍跟你想申請的相同。
如果商標是一模一樣，不能獲准註冊…
怎麼會這樣！
能證明是你先使用商標的話，官司還是有機會打贏…
別那麼緊張
雖說如此，這個問題多少會對募資不利…
對，畢竟投資人還是有很多投資選擇！

公司才開始要擴大業務，如果必須分心處理官司，投資人一定會有疑慮。
但如果換公司名稱，之前打起的品牌價值降低，還有投資人看得上嗎？
怎麼辦？
我們可以裝作不知道撞名嗎？官司也不打，遇到抗議再說！
如果放著不管，繼續用同一個公司名稱，將來等你業務做得更好，對方很有可能會告你侵權，到時候有商標爭議可能會更傷！
別心存僥倖比較好……
即使不到這一步……
過程中的紛爭就可能會造成公司名譽的損失……
……
……簡單來說，我們現在需要一個不會介意我們有商標爭議的投資人囉？

要不要拜託我哥哥？
他可是我們家家族辦公室的主管！
而且很敢冒險，一定會對我們感興趣的！
對欸！我都快忘記學姐妳是大千金了！
我現在來傳訊息問他投資意願！
我也要看！
真的假的！妳家到底多有錢？這可會是千萬的大金額！
痾……
哥哥
……回覆了！他說好欸！可以見我們！
有啊！
的事情嗎？
依妳方便！
謝謝哥哥！
太快了吧！
有人願意投資固然好，但家族辦公室的投資人多少要考慮總體趨勢，先平常心看待吧！
我也覺得妳哥哥不會那麼簡單……
謹慎一點還是好的。
呵呵，真可愛……

這一課的你會接觸到的法律

◆ 商標法

◆ 專利法

◆ 著作權法

◆ 營業秘密法

14 最不該忘記——商標權

「智慧財產權」已經成為現代企業領導人不可或缺的法律素養之一，也因此即使冒著你會讀到昏倒的風險，我也要不厭其煩地把智慧財產權的基本觀念介紹給你。看完這一課後，我希望你除了能大概建立起對智慧財產權的基本認識外，同時也能建立起一個「布局智慧財產權」的觀念。畢竟，世界經濟的競爭早已進入無形資產戰爭的階段，不管你是哪個行業，都要思考如何保護及管理自己的智慧財產權，超前部署，才能在這場激烈的無形資產戰役中屹立不搖。

什麼叫智慧財產權？其實，人類大腦精神活動的成果及產出，只要具有財產價值的，就屬於智慧財產權的範圍。智慧財產權除了大家都聽過的專利權、商標權及著作權外，在台灣其實還包含營業秘密、積體電路電路布局與植物品種及種苗等。考量到一般創業者的需求，我們會將篇幅集中在商標權、專利權、著作權及營業秘密，這四種智慧財產權各有特性，接下來四章會依序介紹。

商標權：用來分辨某個產品或服務的來源，目的在保障交易秩序。	**專利權**：保護創新的技術，進而達到鼓勵創新的目的。
著作權：保護精神創作的成果，目的在促進文化發展。	**營業秘密**：保護具有經濟價值的機密資訊，進而鼓勵產業研發及維護競爭秩序。

保護力

上面這四種智慧財產權，前面三種是一般人比較有機會聽到，所以我們這裡會簡單介紹商標權、專利權及著作權在保護上的差異。要知道，商標權、專利權，與著作權分別能提供的保護效果是不同的。一般而言，商標權能提供的保護最強。從保護的期間長度來說，商標每次註冊的有效期是十年，到期前後六個月內可申請延展，而且延展沒有次數限制，所以「百年老店」或「祖傳三代」（就算你現在是第一代）在商標的世界是可能的。相

智慧財產權的保護力

	救濟途徑	權利保護期間
商標權	民事 刑事（非告訴乃論）	10 年，可延展
專利權	民事	10-20 年*，不可延展
著作權	民事 刑事（除光碟產品為非告訴乃論外，其餘為告訴乃論）	著作人生存期間及死亡後 50 年，或著作公開發表後 50 年。

＊醫藥專利有特別的規定。

較之下，專利權只有十年至二十年的保護期間，著作權也有特定的保護期間，兩者期滿都不得延展。

另外，從法律提供的救濟管道也可以看出商標權的保護力最強，商標權被侵害時，商標權人可以尋求民事與刑事救濟，而且，商標權的刑事救濟是非告訴乃論，換句話說，當你的商標權受到侵害時，不管你有沒有提出告訴，檢察官都可以偵查並起訴。專利權被侵害時，專利權人只能尋求民事救濟。而著作權被侵害時，著作權人雖然可以尋求民事跟刑事救濟，但其刑事救濟大部分只是告訴乃論，你必須在期限內提出告訴，才能讓檢察官出動偵查。

因此，以法律保護的觀點來看，盡量要申請商標註冊。

你可能會覺得奇怪，為什麼本書不是從大部分人最常聽過的專利權開始談，反而先談「商標權」。還記得這本書的宗旨嗎？我希望能從法務的角度，幫你勾勒出阻力最小的創業路徑。搞清楚商標權，絕對會讓公司的獲利之路走得更順遂。

請先記住一個觀念：不是每間公司都有專利，但幾乎每間公司都有商標，無論你有沒有去註冊。

商標的意義及種類型態

講到「鼎泰豐」三個字，你是不是就會想到精緻的小籠包和黃金蛋炒飯？乳酸菌飲料這麼多種，你家的小朋友會不會特別偏好「養樂多」那種酸酸甜甜的滋味？看到商標，你的腦海立刻連結到特定的商品或服務，這就是商標的作用。

商標的主要功能是在日常生活的交易過程中，用來指示商品或服務的來源，並和他人的商品或服務相區別。傳統上所申請的商標，多半是文字、圖案、圖形、記號，或這些元素的組合，我們姑且稱為平面商標。

其實商標的種類還不僅於此，現在愈來愈多不同型態的商標，例如，商品形狀、顏色、包裝形狀、動態、全像圖、聲音等，這些標誌只要能夠幫助辨認商品或服務來源，能夠用清楚、明確、完整、客觀、持久及易於理解的方式呈現，就可以申請註冊商標權。

以上介紹的都是一般種類的商標。其實商標按註冊種類還可以再細分為一般商標、團體商標、團體標章，與證明標章，但因為通常公司會用到的，主要是一般商標，因此這裡我們對其他的註冊種類就不多加介紹。

商標不是一定要註冊才能使用，很多公司為了省錢或因為缺乏了解，常常沒註冊商標就直接使用。但是，有註冊的商標才有完整的法律保護，被別人侵害商標時才有完整的救濟管道。雖然商標權的申請與註冊都需要錢，但買到的保護絕對值得。如果真的預算有限，公司應該考慮至少註冊一個商標權，或者等到有錢時立刻去申請註冊，不要都不行動。

■ 商標型態

		舉例
傳統商標（平面商標）	文字、圖案、圖形、記號或者以上元素的組合	太多了，麥當勞的金拱門M標誌、義美的紅色皇冠、566 洗髮精
非傳統商標	立體商標	smart car、台北 101 大樓立體圖、大同寶寶
	聲音商標	綠油精、新一點靈 B12、Mr. Brown、大同歌
	顏色商標	金頂電池上菊下黑外觀、全家便利商店的綠白藍三色招牌
	動態商標	Facebook 的按讚動態
	全像圖	我的美麗日記雷射標籤圖
	其他	Burberry 的經典格紋、LV 的經典花紋 Monogram

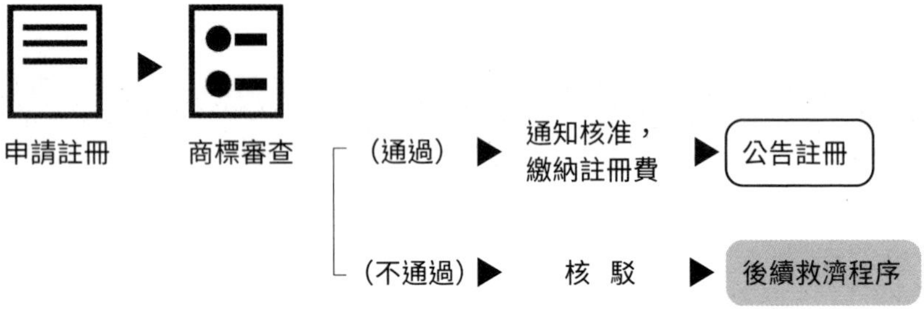

商標註冊的申請與延展

商標一旦開始使用，日後的維護會花掉不少心思成本，因此在開始使用之前，最好要做商標檢索，看看你要用的商標跟已經獲得註冊或在申請中的商標，有沒有相同或近似的情形。這麼做除了有助於了解你要用的商標獲准註冊的可能性高不高，節省申請商標權的開銷外，同時也可以避免你不小心侵害到別人的商標權。

一旦你決定了要使用的商標，決定好要指定的商品或服務類別，就可以申請商標權註冊。你可以上「經濟部智慧財產局」的網站，上面都有介紹申請商標權註冊的流程，可以用紙本或線上提出申請。因為，商標權申請過程中可能會牽涉到一些專業考量，日後甚至可能要與智慧財產局的審查人員聯繫討論，因此最好請有商標申請經驗的律師協助你。

商標權註冊的申請案提出後，接著是智慧財產局商標審查人員的審查。智慧財產局除了確認申請文件是否齊備外，最主要的審查重點是這個商標權是否具備註冊的原因與理由。如果審查通過，智慧財產局才會核准審定，你就可以繳交註冊費，最後由智慧財產局進行註冊公告，核發註冊證給你。以上整個審查註冊程序通常得花上五到八個月的時間，甚至更久。

既然商標權申請註冊程序這麼久，加上商標經正式註冊公告才算取得商標權，因此愈早開始申請通常愈好。而且，比較早申請的商標案原則上會比其他晚申請的商標取得優先地位。依照智慧財產局的審查流程，如果後面申請的商標案和你所申請的商標相似或雷同，後面申請的案件就有可能無法獲准註冊，或在審查中必須暫停，直到你的案子結果確定後再繼續處理。天道酬勤，手腳快在商標申請上準沒錯。如果真的有需要，小公司先以負責人名義去申請也常見，或者還在設立中的公司的也可以先用籌備處的名義註冊，在公司設立登記完成後，再補正公司設立登記資料，變更申請人的名稱即可。

前面有略微提到商標註冊的保護期間，是從註冊公告日後起算十年。只要你持續使用該商標，當十年期間快到了，就可以在結束前後六個月內申請商標延展。如果十年期滿後六個月內都沒提出，抱歉，這個商標權就在十年期期滿的隔日消滅，你就失去這個商標權了。如果接下來你還要商標權的保護，只能選擇重新申請註冊了。記得，法律鼓勵準時的早鳥！

最後要叮嚀你的是，拿到商標權後，不表示可以暢遊世界。商標權是遵循「屬地原則」，在我國註冊登記取得的商標只能在我國受到保護，沒辦法在外國主張同樣的商標權，除非你的商標已經在外國成了著名商標。因此，只要商品或服務會做跨國銷售，最好也要在外國申請商標權，所謂的企業品牌的「商標布局」就是這個意思。

過去有廠商沒有在外國申請商標權，因此發生被國外的商標蟑螂商搶先註冊的情形，到後來才徒呼負負，悔不當初。因此，盡早思考討論商標布局是相當重要的。

商標審查

不是所有的商標都能通過審查，可能會有幾種狀況：

不具「識別性」。這是相當常見的情況。商標是用來指示商品或服務的來源，讓消費者、合作廠商，甚至是競爭對手知道商品或服務出自哪個人、哪間公司，因此商標必須要有「識別性」，這樣日後人家看到商標時，才不會搞錯這一家商品或服務的來源。什麼樣的商標不具識別性？例如姓氏加稱謂的商標就是一種。之前美國的知名服裝設計師吳季剛先生在台灣申請「MISS WU」的商標，就因為被認定不具識別性，遭智慧財產局核駁拒絕註冊，畢竟「MISS WU」是一般人用來對吳姓小姐的英文稱謂。相較之下，吳季剛先生另外申請的「JASON WU」商標就成功註冊，因為「JASON WU」比較具體特定，比較能讓消費者理解到這是一個商標、一個品牌。不過，後來因為經過大量媒體報導吳季剛先生與「MISS WU」商標的事情，到後來消費者只要看到「MISS WU」，已經會連結到吳季剛先生，所以吳季剛先生二年後捲土重來，第二次申請「MISS WU」商標時，智慧財產局就認為「MISS WU」此時已經具備後天的識別性，因此核准「MISS WU」的商標註冊。

造成「誤認誤信」：如果你想申請的商標，會讓人誤認誤信產品服務的性質、品質或產地，就可能無法通過審查。過去曾有餐廳想登記商標為「輕井澤鍋物」，但無法註冊，因為這個商標可能會讓大眾誤認誤信餐廳食材來自日本輕井澤。又或者想登記商標「世界首獎」用於餅乾及食品，會讓人誤以為「世界首獎」講的是商品的品質，這樣的商標可能也無法註冊。

「**相同或相似**」：如果所申請的商標跟別人已經註冊或申請在先的商標相同或近似，或者與著名商標相同或近似，都有可能是商標權無法獲得註冊的原因。這也是為什麼申請商標權之前一定要做商標檢索，免得你花了金錢及時間，最終落得被拒絕註冊的結果。

商標權無法通過審查的原因其實還有很多，這裡沒有辦法全部都講，你可以跟你的律師討論。大體上，守住有創意、不跟別人重複，與特定不模糊等原則，商標過關的機會就比較高。

公司名稱與商標

公司名稱都已經註冊獲准了，是不是就不用申請商標？這是很多創業者的疑惑，律師的回答通常都是：一定要。

因為經濟部核准你使用該公司名稱，只是表示你可以用這名稱營業，並不表示你因此有商標權。你的公司名稱有可能被不同人登記為商標，日後造成公司業務上的困擾。

從另外一個方向來看，在決定公司名稱前，最好也把你的公司名稱拿去做個商標檢索。這是因為，如果你的公司名稱與其他已經註冊的商標或著名商標之間有混淆、誤認，或甚至有減損著名商標的問題，商標權人可以對你採取法律行動，要求你變更公司名稱外，甚至還有可能還向你請求民事損害賠償。

這方面的例子其實很多，十多年前著名的「台糖白甘蔗涮涮鍋」火鍋連鎖店與台糖的商標權之爭，火鍋店把公司名稱登記為「台糖白甘蔗涮涮鍋有限公司」，被台糖提告，後來經過多年的爭訟，最後只好更名為「白甘蔗涮涮鍋有限公司」。又例如瑞興銀行曾一度將公司名稱定為「大台北商業銀行股份有限公司」，但因該公司名稱被台北富邦銀行認為與其所有的商標「台北銀行TAIPEI BANK」雷同，因此被台北富邦銀行要求變更公司名稱，最終被法院判決敗訴，只好改名為瑞興銀行。

一旦法院判決確定你不能使用公司名稱，經過六個月及經濟部下最後通牒後都還是不辦理公司名稱變更的話，經濟部是有權將你這間公司解散的。即使公司沒走到被法院要求停用公司名稱這一步，這過程中的訴訟就會造成公司不小的負擔，創業者不可不慎。

商標權的廢止、異議與評定

商標權註冊公告後，是否從此高枕無憂？不，你應該要持續地使用你註冊的商標，將商標使用於公司的名片、網站、裝潢、商品包裝、標籤、廣告、信紙信封及文宣等適合的媒介上，並且保留所有相關的證據。這是因為，如果你已經連續三年沒有使用你的註冊商標，就有可能被他人申請廢止註冊的風險，畢竟既然你都沒有在使用商標，法律當然沒有再給你保護的必要。之前喧騰一時的「焦糖哥哥」商標，因為 MOMO 親子台超過三年沒使用「焦糖哥哥」商標而被主管機關廢止，是一個著名的案例。

一旦有人對你的商標提出廢止申請，這時你會需要答辯，並且提出使用證據，這就是為什麼要你把使用的證據留下來的原因。要注意，當你使用註冊商標的時候，千萬不要一時興起，把商標改造使用，加個點、多兩條線或畫個花，都有可能會被認為是沒有使用原來的商標。

另外要說明一下，即使你有使用商標，其他人仍有可能對你的商標權提出異議或評定。商標註冊公告日後的三個月內，如果有任何人認為你的商標權有不能註冊的事由，都可以對你的商標權註冊提出異議。另外，在商標權註冊公告日後的五年內，任何利害關係人也都可以向智慧財產局申請評定，撤銷你的商標權註冊。一旦被提出異議或評定，身為商標權人的你必須提出答辯，整個過程可能會相當漫長，並且耗費掉不少的心力。如果不幸最終被異議或評定成功的話，你千辛萬苦申請的商標權就會被撤銷。雖說如此，但你也不用過於擔憂，畢竟最終因為異議或評定而被撤銷的商標權，相對成功註冊的商標權來說還是少數。

15 天才之火、利益之油——專利權

有部電影叫《電流大戰》（The Current War），講的是愛迪生與西屋電氣老闆威斯汀豪斯（George Westinghouse）間的恩怨鬥爭。看完電影，你一定會記得威斯汀豪斯因為發明了火車的煞車系統成了富豪，從此豪宅及宴會變成是生活基本的配備。這就是專利制度的意義，讓創新得到具體的金錢報酬作為鼓勵，讓文明能夠在前人的腳步上持續前進。

美國林肯總統就說過一句名言：「專利制度乃在天才之火添加利益之油。」（The patent system added the fuel of interest to the fire of genius）實在是最佳註解。（順帶一提，林肯身為律師，在一八四九年，獲得一項能幫助船在淺水中移動的漂浮裝置的專利，儘管這項發明最終沒有被商業化，但林肯仍然是唯一在歷任美國總統中擁有專利的總統。）

專利的法律制度相當複雜，這本書只介紹一些基本知識。雖然已經盡可能地用簡單的話語解釋，你可能還是會覺得模模糊糊，但我希望你至少能建立起二個觀念：

1. 不是只有高科技業才能申請專利，即使是開餐廳這類民生消費性產業都有可能申請專利（例如新型或設計專利）。一旦你有了這個觀念，未來你做出了嘔心瀝血的創作，可以進一步向律師請教是不是能申請專利，而不是等到心血結晶被「偷」了才去找律師。
2. 即使拿到專利了，也要進一步強化保護。如果你的心血結晶也適用其他智慧財產權（商標權、著作權）來保護的話，建議多管齊下。因為將來碰到他人侵害你的專利時，對方可能會先攻擊你的專利無效，多管齊下的好處是讓自己有多一點救濟管道，也可因此強化嚇阻效果。

專利的意義

專利權是國家給予專利權人一項排他的獨佔權利，用來交換專利權人的技術公開。

細緻一點來說，當你有一個不同於別人的創作，你可以向國家提出申請，如果符合法律規定，國家會同意讓你在一定期間內享有權利的保護，在這段法律保護的時間內，如果有他人沒有經過你同意而實施你的創作技術，你可以要求他停止，並且向這個人提出損害賠償，這就是所謂的專利權。

但有權利通常就有義務，國家可不是平白無故給你這個保護，要拿到專利權，你要付出的代價就是公開你的創作技術，而且公開的程度是要能讓同一技術領域、有通常知識的人，能依照你申請的專利內容同樣實施。這樣，社會大眾才可以站在你的創作技術基礎上，繼續開發專研更深入、更先進的技術。所以，如果你介意你的創作技術被公開，或許不該用專利權保護你的心血，而是考慮用營業秘密或其他的途徑來保護，我們會在第十七章特別討論營業秘密。

發明、新型與設計專利

在台灣，專利可分為三種：發明、新型，與設計專利。前面兩種都與產業上利用的技術有關，設計專利則是關於物的外觀設計。我們繼續說得更清楚些：

發明專利：是指利用自然界中已經有的規律，做出一些技術思想創作，以用來解決問題或達成一些目的。發明的一個重點特徵是「發明必須有技術性」，如果只是單純地發現自然規律或科學原理，不符合發明的定義。發明專利的保護對象相當廣泛，可用來保護「物」、「製程」、「方法」與「功能」等。

新型專利：針對一個有形物品進行形狀、構造或組合的創作，進而製造出有實用價值和用途之物品。簡單來說，新型一定要有個「物」，針對已經有的物品做出改良，才能申請新型專利。

設計專利：針對物品的形狀、花紋及色彩等，進行以視覺為主要訴求的創作。這裡的物品，不一定要是工業設計品，食物或一般民生用品只要有新穎的視覺訴求，也可以申請設計專利。我們的鄰居韓國政府甚至為了提升食品申請設計專利的核准率，還特別制定了食品設計專利的審查規範。

以上這三種專利，各有其特徵要點，保護期間也不太一樣。其中一點很大的差異是，新型專利只需要形式審查，申請人提交的文件只要符合法律要求，原則上就可獲准，所以整體審查的時間比較短。

相較之下，發明專利與設計專利因為必須進行實質審查，做仔細比對，所以審查的期間較長。也正因為新型專利的申請門檻較低，申請費用通常也較便宜，因此不少人批評，市場上很多新型專利其實品質不佳、禁不起技術檢驗。

但問題來了，如果新型專利比較好申請，那為什麼還有人要呆呆地申請發明專利或設計專利？那是因為，既然新型專利取得比較容易，當然就不能要求太強的保護。新型專利權人要警告別人侵權時，必須向對方提示智慧財產局出具的新型專利技術報告。另外，如果新型專利權人的專利權在將來遭到智慧財產局撤銷，有可能需要就其在撤銷前因為行使專利權所造成他人的損害，負賠償責任。相較之下，發明專利及設計專利就沒有這些規定。

你可能認為，發明、新型跟設計這三項中，發明專利最重要。過去在專利的世界，多數的討論確實都圍繞著發明專利，多數人也都認為發明專利比較有價值。但是，這樣的觀念在講究工業設計的今日發生一些改變，近來設計專利已經獲得愈來愈多的重視。

在Apple跟三星的世紀專利大戰中，最後美國法院判決三星侵害Apple共五件專利，其中兩件發明專利判賠五百三十萬美元，但三件設計專利包括長方形的外觀、圓角、銀色邊框、黑色表面，以及螢幕上顯示的十六個彩色圖標等，則判賠高達五・三三億美元，這個判決世所矚目。誰還敢說設計專利一定沒有

■ 三種專利類型

專利類型	內容	舉例	審查方法	保護期間
發明	利用自然界中已經有的規律所達成的技術思想創作	特殊安全帽紙護墊、鑑定藥物過敏反應之致敏藥物的方法	實體審查	20 年
新型	針對有形物品進行形狀、構造或組合的創作改良	新型機能褲、新型飲料提袋	形式審查	10 年
設計	對物品的形狀、花紋及色彩等，進行以視覺為主要訴求的創作	8 結蛋捲之「8 結」設計造型、可口可樂的曲線瓶	實體審查	15 年

發明專利值錢呢？

發明專利的審查

如果把國內外的專利申請攤開來，發明專利的確仍佔最多數，你也有很大的機會碰到，因此我們特別介紹發明專利的審查內容與申請程序。

一項合格的發明專利，必須符合三個要件：產業利用性、新穎性，與進步性[1]。當你向智慧財產局提出發明專利的申請後，智慧財產局會依序審查你的發明有沒有符合這三個要件，來決定是否給予專利。

產業利用性：我們曾說過，專利權是國家給你一段期間的獨佔權，國家為什麼要這麼做？當然是你的發明可能對產業有幫助，換句話說，就是你的發明是產業「有可能」利用到的，因此國家才會給你獨佔權來交換你的技術公開。不過，要符合這個要件其實不難，因為假設你的發明欠缺產業利用性，就算給你專利權，通常也不會擋到其他人的利用。

新穎性：指的是你的發明必須與申請日前的先前技術不同，而且在申請日之前沒有揭露於刊物、沒有公開使用，也沒有被大眾知道，才具有新穎性。判斷新穎性，必須放諸全世界皆然，如果這技術在別的國家已經有了，即使在台灣是第一個，仍然不符合「新穎性」的要件。

進步性：這是最難達成的要件。一項發明要具有進步性，必須讓這個技術領域中的人「眼睛為之一亮」或「拍案叫絕」，所屬技術領域中具有通常知識者無法用先前技術輕易完成或無法輕易就想到，這樣的發明才算具備進步性。如果這個技術領域有通常知識的人認為，你的發明整體與先前技術的差異是他們可以輕易看得出來，或者你的發明是他們輕易就想得到的，那麼就不符合「進步性」的要件。

新穎性及進步性判斷，都以先前技術（prior art）為比較對象。先前技術，指的是提出專利申請前已見於刊物、已公開實施，或已為公眾所知悉之技術。不過，雖然說新穎性跟進步性都以先前技術為比較對象，但兩者的判斷範圍跟

1 設計專利的要件則是產業利用性、新穎性及創作性。

方法不太一樣。

有沒有產業利用性、新穎性，與進步性，都是以提出發明專利申請的申請日[2]當時的技術水準與研發環境來判斷。因此，先申請的人會有優勢（與商標申請一樣）。一項發明如果欠缺上面所提到的三要件中任何一個，智慧財產局可以不予通過，就算幸運地通過審查拿到專利，日後社會大眾也可以按照舉發程序請求撤銷專利權。

之所以要在這裡大費周章地介紹發明專利的三個要件，是因為一旦有侵權糾紛發生，被告在法院上通常不會先喊自己沒有侵權，而是強調原告的發明專利欠缺專利要件而無效，要不然也會另外發動程序向智慧財產局舉發。

在實務上，不少的發明專利在侵權糾紛中被法院認定無效，比率甚至超過五成。因此，即使你的發明已經通過實體審查拿到專利，但在訴訟上仍不是萬無一失的護身符。所以前面才會提到，如果能夠且適合，除了專利外你可以同時採用其他的智慧財產權保護，畢竟打官司時可是武器愈多愈好。

發明專利的申請

前面提到發明專利的三要件，在向智慧財產局提出專利申請之前，一般也會建議你先找律師做可專利性要件的檢索，大略判斷獲得專利的可能性，綜合考量申請專利所需的時間金錢後再決定是否提出申請。

如果要提出申請，申請發明專利應提出的文件包括說明書、申請專利範圍（claim）、圖式等，而審查過程中，審查官要求修正及補充這些文件是常有的事情。

所有文件中，最重要的是申請專利範圍。我們知道，專利是國家給你一個獨佔的權利，但獨佔權利的範圍到底到哪裡？有多大？看的就是這項專利的申請專利範圍。一項發明專利的權利範圍會以申請專利範圍為準，而申請專利範圍裡面會包含一個或多個技術特徵，也就是所謂的請求項。未來你或他人在控告專利侵權時，法官要比對申請專利範圍裡面的這些請求項，才能確認是否有

2 若申請人有主張優先權者，判斷基準則指優先權日。

侵權行為。

發明專利申請案如果通過審查，申請人於三個月內繳納證書費及第一年年費後，智慧財產局會進行公告，此時你正式取得專利，但你的專利保護期限是回溯至申請日起計算。從遞出申請書到正式拿到專利，發明專利整個申請程序約莫需要兩年，拉到三到四年都有可能。相較之下，新型專利整個申請程序只需要六到十二個月，設計專利則是約八到十六個月。

發明專利的審查程序有時長達好幾年，但申請後十八個月專利申請案就會被強制公開，除非你在法律規定的期限內撤回申請、或你所申請的專利涉及國防機密等特殊情況，才不會公開。強制公開的目的是希望，如果有其他的人正在進行與你類似的技術研發時，此時他可以不用再浪費時間，及早改往不同的方向努力。

不過，因為此時尚未拿到正式專利，所以如果有別人實施你被公開發明的技術，也不構成專利權侵害，你只是會有一個補償請求權，日後確實被准予專利後，可以向這個人請求補償。所以這也呼籲前面講的，如果你介意自己的技術被公開，可能要考慮是否要用專利以外的途徑來保護你的心血。

專利屬地原則

在你讀到昏倒之前，我最後提醒一件事情：專利與商標一樣，也是採屬地原則。專利權人拿到的專利權，只能在授予專利權的那個國家受到保護。你必須在其他國家申請專利並獲准，才能在其他國家主張權利。因此，如果你的專利產品會賣到其他國家，你應該及早進行「專利布局」，在其他可能銷售的國家也申請專利。

而且，當你有打算要進行多國申請專利時，記得手腳要快，在台灣的專利申請提出後，請盡量在十二個月內（如果是設計專利則必須在六個月內）向其他國家提出申請並主張「優先權」。如果沒有這樣做，有可能因為你所申請的專利技術已經在台灣出現或公開，導致其他國家認定你的專利申請不具備「新穎性」，進而拒絕你的註冊，產生「自己打自己」的好笑悲劇。因此，盡早專利布局，絕對是你自利自保的王道。

16 出錢卻不是大爺——著作權

不管你之前有沒有遇過著作權的問題，有一句話你一定也琅琅上口：「版權所有，翻印必究」。有趣的是，即使這句話這麼有名，但法律可是沒有「版權」這個名詞的喔，這裡的「版權」就是法律裡的「著作權」。在各式各樣的智慧財產權中，著作權應該是跟一般人生活最息息相關的，尤其在幾次網紅與歌手的著作權糾紛不斷躍上新聞版面後，相信你一定有意識到著作權的重要性。

先講一個大觀念，著作權可以說是比較容易也比較難主張的一個智慧財產權。首先，著作權不像商標權或專利權一樣需要申請註冊，從這個角度來看要享有著作權的保護比較容易。但這個優點是兩面刃，因為不需要註冊，所以當著作權被侵害時，訴訟上常面臨到著作權人要舉證自己是著作權人的問題。

再者，要證明有人侵害自己的著作權，也就是俗話說的「抄襲」，除了對方的作品要跟自己的作品實質近似外，在法律上還要證明對方有「接觸」過著作權人的著作。這一點就跟專利不一樣，如果是專利，只要和他人已經申請在先的專利相同，就算是自主研發出來的技術或設計，仍然有可能被認定為侵權。但在著作權的情況，要主張對方構成侵權，還要證明對方有「接觸」過著作權人的著作，雖然不是真的需要拍到對方正在「觸摸」創作的照片，但仍要證明對方有合理可能的接觸機會。

因為著作權有這兩個主張上的技術問題要處理，因此如果你的心血成果也能用著作權以外的智慧財產權來保護的話，我會建議你也同時考量其他的保護方法。

著作權是什麼？

著作權，簡單來說，就是對已經完成的「著作」所能主張的一種權利保護。既然稱為「著作」，表示作品成果要是帶有「文藝」或文化的性質，屬於文學、科學、藝術，或其他學術範圍。因此，說著作權是浪漫而又詩意的權利，一點也不為過。

不過，千萬不要因此認為只有文創業才會遇到著作權，對強調新科技趨勢

■ 著作權的類型

著作類型	舉例
語文	散文、小說、廣告詞、劇本、論文、詩、詞、評論文章
音樂	歌詞、曲譜
美術	漫畫、插畫、水彩畫、油畫、雕塑、素描、書法、蠟筆畫、美術工藝品、版畫、字型繪畫
攝影	照片、幻燈片
圖形	地圖、圖表、工程設計圖
視聽	電影、動畫、影片、短片、紀錄片
建築	建築設計圖、建築模型
其他	戲劇、舞蹈、錄音、電腦程式、表演

的時代來說，資訊業就經常接觸到著作權的問題。因為著作權法承認的「著作」類型，其實有很多種，並不限於我們一般會想到的文字或藝術作品，像是電腦程式軟體、建築物的設計、戲劇表演及舞蹈表演都可以是「著作」，都有機會受到著作權的保護。

能夠成為「著作」的作品雖然很多種，但要成為「著作」仍然要具備「人」、「表達」、「原創性」三項要件。

人：著作必須是「人」的精神創作成果。所以像是電腦自動生成的圖片、文章或歌曲，或者號稱是日本海獅或美國狗狗大師所做的畫作，這些都不能算是著作。在國外曾經發生印尼的獼猴拿走攝影師斯萊特（David Slater）的相機自拍，其中一兩張照片相當逗趣而大受歡迎，但很抱歉，攝影師斯萊特仍然不能主張這幾張照片的著作權，因為獼猴不是人，這些照片不是人的精神創作成果，無法享受著作權的保護。

表達：著作要有「表達」的要素，因為著作權保護的是表達而不是思想。這是因為社會要進步，思想觀念就不能被壟斷，如果只是在發想階段，沒有表達出來，這樣都是不受保護的。也因為著作權保護的是表達，因此俗話說的「英雄所見略同」，如果英雄們的想法一樣，但用不同的表達方式表達出來，這樣並不會構成抄襲，也才有「英雄惜英雄」的機會。

原創性：作品必須具有「原創性」，也就是「原始性」及「創作性」。依照台灣法院的判決，「原始性」指著作必須是著作人原始獨立完成的創作，不是抄襲或剽竊而來，畢竟抄襲剽竊而來的著作當然不值得法律的保護。原始性這一點看起來很理所當然，但卻是相當重要，這有點像專利侵權訴訟裡被告主張原告專利無效，實務上的著作權侵權訴訟，也常常出現被告主張原告著作缺乏原始性而不得主張著作權，原告因此輸掉官司的例子所在多有。至於「創作性」，這不是說你的作品要是名山大業的曠世巨著，但這個作品至少在一般人來看跟之前的作品有所不同，展現出你個人的個性或獨特性。所以，像是隨手拍攝的陽春商品照片，這樣的作品就通常都沒辦法主張著作權的保護，但如果商品照片在攝影棚裡精心設計光影、角度、構圖及距離才拍出來，甚至是特別邀請模特兒來搭配展現商品的特質與形象，就有可能主張著作權保護，此時我們就會建議你務必將相關創作過程記錄（例如含有拍攝時光影資訊的原始影像檔案）保存下來。

著作權的取得與標示

和商標權與專利權必須申請註冊不同，著作權相當親民，只要你的著作一完成，就算你沒有發表、就算作品還鎖在抽屜裡、存在電腦中，創作就開始受著作權法保護，不用另外進行登記或申請，不需要做任何其他行為。但說是這樣說，如果真的什麼都不做的話，日後被人侵害著作權了，就會面臨到很難證明自己是著作權人的困擾。因此，就算不發表，著作權人也應該要保留創作過程的資料，將來才有辦法證明自己是著作權人。

那發表時要不要標示自己的名字？法律沒有強制要求。但是跟前面一樣，標示自己的姓名，甚至連同發表日期一起標示，不但有助於日後證明自己就是著作權人，也比較能嚇阻有心抄襲之人，因此一般都還是建議你要做標示。至於除了標誌姓名及日期之外，是不是還要打一個 © 或者打上「版權所有，翻印必究」的金句呢？法律並沒有要求，就看你自己的喜好了。

不過這裡要說明一點，即使發表時冠上自己的姓名，日後著作權被侵害而對簿公堂時，如果被告能夠提出證據證明你不是著作權人，那麼你可能還是無法主張權利。畢竟法律要考慮到各種情況，為了避免有人直接拿別人的作品用自己的名義發表，因此法律保留了給被告提出證據來反駁的空間。所以，標示自己的姓名之餘，仍然要保留創作的過程軌跡，才能在權利被侵害時有足夠的武器與盾牌。

誰是著作人？

「著作人」指創作著作的人，前面有提到「著作人」在著作完成時不用做任何動作就享有著作權，所以是著作權人。

當著作人是自然人，因為自然人能夠進行創作，所以這個自然人是著作人進而是著作權人，這一切都很清楚。但是如果是公司來創作呢？公司能完成一個著作，主要靠兩種方法：一是靠員工，二是靠出錢外包。那麼，誰會是著作人，公司？員工？外部廠商？

這裡要先說明，著作權其實還可以再細分為著作人格權跟著作財產權。著作人格權包含公開發表權、姓名表示權及禁止不當修改權。著作財產權包括重製、公開口述、公開播送、公開上映、公開演出、公開傳輸、改作、散布、公開展示、編輯及出租等權利。

在員工創作的情況，如果雙方沒特別談好，那麼法律會認定著作人是員工，享有著作人格權，公司則享有著作財產權。如果公司事前就有跟員工書面約定好公司是著作人，那麼公司就會同時享有著作人格權和著作財產權。

差別在什麼地方？例如，當員工有著作人格權時，他可以要求著作發表或重製時要標示他的姓名。如果公司改變了著作，而改變的方向讓員工覺得名譽受損，員工可能可主張公司侵害了他的著作人格權。你會希望公司擁有全部的著作權，還是你願意讓員工擁有著作人格權，取決於你想要的員工關係。但直觀來看，如果是工作上的成果，直接約定以公司著作人，讓公司享有完整的著作權，算是業界常見的做法。

至於出錢外包呢？你可能以為出錢就是大爺，著作權當然歸公司。很抱歉，如果沒有特別約定，法律規定是外部廠商成為著作人而享有著作權，你的公司就算付了大筆費用給廠商，最多也只是取得一個可以使用該著作的權利，而不是取得著作權。這個觀念很重要，因為這是實務上很常發生爭議的情況，而且就算你的公司有權利用這個著作，能利用到甚麼程度？這也常是發生爭執的來源。

實務上這方面爭議不勝枚舉，甚至也發生後來出錢發包的公司反而被接受

著作權的保護

自然人	著作人死亡後 50 年
法人	著作公開後 50 年

發包的廠商成功控告侵權的例子。因此，對出錢發包的公司來說，最好的做法就是事前做好約定，直接約定由出錢公司當著作人，進而成為著作財產權人，外部廠商完成工作後就功成身退，跟著作徹底說再見。

著作權的保護期間 1

前面有提到，著作權分成著作人格權跟著作財產權。對於一個著作人來說，著作權有金錢價值的部分當然是著作財產權的行使，因此我們一般在談著作權的保護期間，講的是著作財產權的保護期間。

首先，攝影、視聽、錄音及表演這四種類型的保護期間較短，著作財產權只到著作公開發表後的五十年為止。

其他類型的著作，就看著作人是自然人還是法人。如果著作人是自然人，原則上著作財產權的保護期間是著作人終身到著作人死亡以後五十年。如果著作人是法人，原則上著作財產權的保護期間就是著作公開以後的五十年。

因為著作財產權有這些時間限制，許多公司因此會設法同時用其他保護管道來延長著作的財產壽命。其中一個方法就是註冊商標權，像迪士尼的經典角色米奇，據說在美國的著作權保護期間將在二〇二三年結束，而迪士尼當然已經做好準備，其中一個應對策略就是大量註冊有關米奇的商標。像是在台灣，米奇早已註冊為商標多年，保護商品橫跨各式各樣的文具、日常用品、衣服、化妝品等。因此，智慧財產權的保護彼此不一定是互斥，甚至多數是可相輔相成，創業者可以多加留心規劃。

1 至於著作人格權，理論上，著作人死亡或公司法人消滅後，就沒有人格權了。但著作權法有規定，著作人死亡或消滅後，關於其著作人格權的保護，仍然會視同生存或存續。

17 哈姆雷特夜未眠——營業秘密

莎翁名劇《哈姆雷特》裡，哈姆雷特王子活得痛苦糾結，究竟是要活著？還是要尋死？他的獨白「To be or not to be」就這樣傳頌數百年。但哈姆雷特王子不是唯一糾結的人，在智慧財產權的世界裡，許多公司就經常在專利與營業秘密間徘徊游移：To publish or not to publish, that is the question，究竟要不要申請專利、將技術公開，還是將技術當營業秘密來保護？實在是個大難題。

《專利戰略》與《專利戰爭》的作者久慈直登曾經擔任本田（HONDA）的智慧財產權部部長，他曾在書中寫到，本田的領導人在上台前多曾擔任智財部門主管，培養對智慧財產權的認識，足見智慧財產權對以技術見長的企業有多重要。久慈直登也曾強調：「專利戰爭，並不只侷限『如何申請專利』，就連『不申請專利』都可以是一種競爭型態。」這句話揭示出一個重要的觀念：因為申請專利會有技術公開的問題，因此不是所有技術或心血結晶都要用專利權來保護。對很多企業來說，維持技術的機密性，比享有獨佔排他權更為重要，這時候就是「營業秘密」上場的時候。

很多創業者對智慧財產權的想像，就是專利、商標，與著作權，然後就結束了，但事實不然，「營業秘密」對現代企業的重要性可是與日俱增。曾有科技業界資深法務長公開表示：在科技界，雖然每間公司用營業秘密與專利保護智慧財產的比例都不太一樣，但大體上都是營業秘密多於專利。看到這，你會不會嚇了一跳？什麼？竟然是營業秘密比專利多？是的！這也是為什麼即使知道你可能讀到這裡可能已經不省人事了，我還是仍然要將營業秘密介紹給你的原因。

就算你的公司沒有營業秘密，你也必須要對它有基本認識。當前全球科技競賽益發激烈，國內外對營業秘密保護的重視程度也愈來愈高，如果沒有認識而無意（甚或故意）侵害到他人的營業秘密時，後果有時相當嚴重。例如，在大立光控告先進光侵害營業秘密案，智慧財產法院一二審都判先進光必須要賠償大立光十五億多元，賠償金額之高，遠超出台灣現有的專利侵權判決賠償金額，雖然雙方最後選擇和解，但這個案子仍清楚說明了法律對營業秘密的保護是相當嚴肅認真的。而聯電被記憶體大廠美光指控協助中國晉華竊取 DRAM 製程等機密文件一案，聯電最後與美國司法部達成和解，被判處罰款六千萬美元，且仍有民事官司尚待解決，也告訴了我們：認識營業秘密，已經是全球企業人士必備的基本常識。

什麼是營業秘密？

營業秘密，絕對不是只有科技業才有、才會用到。營業秘密的涵蓋範圍其實相當廣泛，只要是能夠用在生產、銷售或經營方面的資訊，就有機會構成營業秘密，因此各行各業都可以有營業秘密。即使你事前對「營業秘密」一點概念都沒有，你可能都知道世上最有名的「營業秘密」就是可口可樂的配方，這不就是非科技業也有營業秘密的最好例子嗎？常見的營業秘密，除了技術外，還可以包含配方、製程、方法、設計圖、商業策略、客戶名單、實驗數據，以及其他各種不傳人的獨家心法或 know-how 等，形式不拘。

但能用在生產、銷售或經營方面的資訊還是很多，幾乎一家公司絕大部分的資訊都能用在生產、銷售或經營方面，難不成一家公司所有的資訊都是營業秘密？

不，要能夠稱得上「營業秘密」，還必須具備「經濟性」、「秘密性」，以及「合理保密措施」三要件。

經濟性：要用「營業祕密」來保護，必須是這個機密資訊具有產業利用的價值，也就是具備「經濟性」。不過，「經濟性」這個要件相對來說是容易達成的門檻，因為通常是當一項資訊有產業利用價值，企業才會想保護這項秘密，也才會花費時間跟金錢控告侵害營業秘密的人。

秘密性：營業秘密既然是秘密，就不能是一般對這類知識有涉獵有概念的人所知道的資訊，這個要件我們稱為「秘密性」。有趣的是，要判斷某項資訊是不是具有秘密性，有時不是那麼容易。一個常見的爭議是：客戶名單究竟算不算具有秘密性？如果客戶名單上面是一般工商名錄就可查到的聯絡地址、電話及負責人等資訊，就會被認為不具秘密性；但如果客戶名單還包含客戶的歷史購買記錄、客戶的消費偏好，甚至是針對這個客戶的客製化要求等，這就比較有可能被認定是具有秘密性。又例如商品的銷售價格資訊呢？因為商品的銷售價格是市場上公開的資訊，消費者都習慣貨比三家，因此曾被台灣的法院認定不具秘密性。所以，一項秘密要符合「秘密性」是有門檻的，可不是你敝帚自珍認為是就當然可以喔。

合理保密措施：這一點可以說是營業秘密與前面談到的幾種智慧財產權最大的差異處。一個具有經濟價值的秘密，必須有合理的保密措施保護著，才能構成法律上的「營業秘密」。什麼叫「合理的保密措施」？這跟企業的規模大小、產業性質及營業秘密的本身特性都有關係，法律並沒有明文規定一定的標準。不過，這裡要特別說明，一般人最常產生的誤解是，在資訊文件上打上「機密」二字就算是「合理」的保密措施。但如果只在文件打上「機密」卻沒有對文件加以控管，任何員工甚至外部人士都能輕易取得，這樣在法律上是不會被認為是「營業秘密」的。

營業秘密的優劣

一旦某項資訊構成「營業秘密」，在法律上就有下列幾項優點：

不需要被公開：這是營業秘密最重要的優點。前面提到，專利是國家給予專利權人一項排他的獨佔權利，來交換專利權人的技術公開。相較之下，如果技術是用「營業秘密」來保護，那麼企業不需要將這項技術公開，仍然可以維持這項技術的機密性。

沒有保護年限的限制：前面提到，發明專利的保護年限原則上是自專利申請日起二十年，一旦過了專利的保護年限，任何人就可自由免費地實施該項專利。相較之下，營業秘密並沒有保護年限的限制。

不需要向智財機關申請或登記：要主張你的某項技術是營業秘密，不需要事先跟智慧財產權機關申請或登記，因此少了許多申請及維持專利的程序困擾，你也不需要支付申請及維持專利的費用。不過因為營業秘密必須用合理的保密措施來維護，因此從成本的角度來看，營業秘密不一定較專利省錢喔。

裁罰嚇阻性高：專利權受到侵害時，專利權人只能提出民事救濟。但營業秘密遭受到侵害時，營業秘密所有權人除了提出賠償要求外，還可以提出刑事告訴，甚至在我國營業秘密法下，某些侵害營業秘密的行為還是刑事重罪，也因此「營業秘密」對有不當意圖的第三人來說嚇阻性更強。

但是，禍福相依，這世界上沒有只有優點沒有缺點的法律制度。營業秘密作為一種智慧財產權保護形式，也有其侷限性。

被公開，就永久失去保護：如果企業因為一時不小心，導致營業秘密被他人偷走、或因為意外被他人公布，營業秘密就因為失去其秘密性，而永久地失去營業秘密的保護。

無法真正專有排他：以專利來說，一旦取得專利，專利權人就取得專有排他的權利，即使同一個地區某個角落有某個人同時獨自研發出該項技術，專利權人仍然可以基於專利權對該人主張排除侵害。但是營業秘密就沒有辦法，如果有他人自主獨立研發出相同或類似的技術，企業不能因此主張對方侵權或要求對方停止實施，甚至如果他人在研發出相同或類似的技術後申請專利，反倒會使企業珍惜的「營業秘密」失去價值。

正因為營業秘密有上述的缺點，所以雖然「營業秘密」優點多、威力強大，但並非永遠是王道最適解。總的來說，你應該審慎思考，什麼樣的智慧產出要用營業秘密的形式來保護，而什麼樣的技術則需要申請專利，如果你有疑問，可以多跟你的律師討論，而不是直觀認定哪些就一定是申請專利、哪些就一定是用營業秘密來保護。

保密措施是關鍵

營業秘密是門大學問。在此叮嚀你，要保護好一項營業秘密，最重要的是要採取夠程度的「合理」保密措施。常見的保密措施包含將機密資訊存放在特定處所，予以上鎖，並限制只有某種等級或身分的員工才能接近；還有，嚴格管控營業秘密的複製和存取，一個員工如果要複製或存取營業秘密都必須在事前獲得公司核准，而且公司也需要對複製存取活動加以記錄，才能事後追查勾稽；如果公司有需要用電子郵件傳輸營業秘密，那麼至少應將電子郵件加密；公司還必須跟會接觸到機密資訊的員工簽署保密協定、甚至是考慮簽署競業禁止協定等。到底採取什麼樣的保密措施，才能充分保護到營業秘密，跟營業秘密的內容、類型、產業別、公司規模大小、生產流程需求等諸多因素都有關，但於此同時，你也要考慮到不能為了保密，而對公司營運造成過多的限制和不便，箇中牽涉到很多學問。如何妥善保護好自己的營業秘密，已經成為許多企業的競爭力來源，科技業界甚至流傳，某些公司究竟如何保護自己的營業秘密，這些保護措施本身就是一種營業秘密。

因此，一旦你決定要用營業秘密的方式保護你的智慧財產，請你務必詳細跟律師討論好你的營業秘密保護措施，好好落實，這樣才讓營業秘密真正發揮它的強大效果！

第六課

走過死亡之谷

募資與資金規劃

成為真正的創業家

這一課，你會學到——

- ▶ 募資的資金類型及來源
- ▶ 資金消耗率、股價與估值
- ▶ 募資的流程

創業市場裡，潛在投資人起初最先是家人、朋友，不然就是傻瓜。
與創業者本人加在一起，成為事業的開端。
如果只是規模較小的企業，自然是只需要這些親朋好友。
但公司若想發展下去，就必須展開對外的募資…
沒有想像中容易呢……

偉祺早上好，我是柏儀。
是你們這邊的員工先讓我進來的
誒……柏儀先生！
我們有約這個時候嗎？
嚇到…
沒有喔。
哥！你怎麼直接過來了？
哎呀！剛進門就大吼大叫
家裡面的人要我來看看妳的工作環境，免得妳盡講些漂亮話……
桌面上雖然乾淨，但桌邊縫隙裡卻塞滿糖果紙呢！
你很煩欸！
你到底來做什麼啊？

就說想妳，所以來看妳啊！
脾氣真差。偉祺你平常怎麼受得了？
雖然這也是可愛之處
別捉弄她了啦！
好吧！在商言商。
我是想給偉祺一個對面對面簡報的機會，
再決定要不要正式投資，和打算投入多少資金。
雖然不是正式場合…
但是一次實實在在地向外、向大公司募資的機會喔，偉祺。

好的。請讓我向你介紹我們公司！
一週前
雖然我沒有參與家族企業，但我知道他們很重視布局未來，特別積極往外尋找投資機會！
我們公司成長性那麼好，在商言商，看得上很自然。
天使就在我們身邊啊！
你確定嗎？
芮儀的哥哥，居然是投資我們智財公司的投資人柏儀？
太巧了吧？

沒錯！就是那個柏儀！
我們合作過很多次，但我真沒注意到他是芮儀的哥哥。
老實說，柏儀從我這邊，用討論自家晚輩為藉口，在新創發表會後的酒席間，套過不少偉祺公司的內部狀況。
也就是說，他很有可能已經掌握偉祺公司目前的問題了。
一臉精明樣，結果你洩漏最多啊……
哈哈……
……只是普通的企業創投，這在新創圈不是很常見嗎？
怎麼感覺氣氛好像怪怪的？
柏儀他平常工作的細節，看來芮儀妳並不清楚。

的確
不太清楚……
柏儀的確是個忠實可靠的合作對象……
但那是對在創業領域已經很熟悉的人來說。
對於有弱點的公司……
他最擅長等待時機，趁機吞併中小新創公司，這件事可是業內知名！
等一下！
我們只要有固定持股，即使接受他們的資金，公司應該還是獨立的！
怎麼會搞到吞併！
這是因為，你們現在的條件實在太不利了。

商標出了問題，加上你們的公司又小，投資人相對難找…
我的錯……
畢竟是家族辦公室負責人，我猜柏儀從你們兩個開始創業就盯著看了。
他可能會投入一大筆金額，換取公司大多數股權，得到實質控制權……
聽起來…好像他要蓄意針對學姐一樣。
這根本無利可圖吧！
雖說投資的確是利益導向，但考慮到經營公司的是人……這也沒辦法。
正是因為彼此關係很好才這麼做，家庭關係可真難理解啊。
仔細想想老哥的確一直都有控制狂的傾向，好像也不意外。
這也是他可愛之處啦……
書包裡面什麼都沒有喔！哥哥。
我倒覺得柏儀是利益、私心全都要
我想過幾天，他一定會私下去找你們的……

在簽投資意向書前，偉祺你要做好準備學會接招，而且要了解更多眉角…
看到募資中的陷阱！
說明的很不錯，早有準備呢。
任何投資人看到這樣的成長性，一定都會對你們有興趣的。
在這麼短的時間內，能有這樣的有效會員數量及營業額，實在了不起。
我們愛呷飽公司創立到現在也快一年了，
本來也就是時候該展開募資。
能在這時受柏儀先生的賞識，是我們的榮幸…
我想展現我們集團和一般以財務利益為導向的創投不一樣的優異之處。

我們能夠全方位協助你們公司。
唉！不過老實說……
我們真的很需要像你這樣具有工程實績，又懂得設計優秀平台的新創公司加入！
我們集團早就想將手裡以台灣區為目標的陳舊電商，改換成以大東南亞為目標的新電商……
資金挹注進去後，我們將協助發展餐廳訂位系統，並且向國外發展。
當然我們也早就布局，準備進軍海外市場
芮儀也是知道這件事才想到要問我的吧。
有我們的資金、人脈，一定可以一口氣讓你的公司價值快速上漲。
……
總結來說……

我們集團打算一口氣投資三千萬到你們公司。
什麼！
偉祺，你要特別注意三千萬這個數字。
如果他提出三千萬左右的數字，就會佔有超過一半的股權。
募資市場的主流是股權資金，投資人出錢，拿到的是公司的股權。
如果股權稀釋過多，公司的控制權會從創業者手上轉移到投資人手上，演變成創業者幫投資人打工的情況！
隨著投資人資金愈來愈多，股權慢慢釋出，創業者手上的股權比例會隨之降低。
柏儀一定會提出一個對你來說極為誘人、但對他來說非常便宜就可以買下你們公司的投資數字！
這時候，不要昏頭，少拿一點反而比較好！

三千萬這個投資金額……
柏儀先生，這實在是太多了一些！
不會啊！等資金進入，技術到位後，你們公司的市值才真的要漲起來！
獨角獸也能期待了呢！
以我們公司當前的估值，您這樣子簡直是買下我們公司了呢！
可不可以…
我直說了。
你們不是很難找到其他投資人嗎？

關於這點，我們倒是不擔心！
笑ノ
學姐，可以幫我和柏儀先生提提前兩天的事情嗎？
畢竟這件事情是妳處理的。
可以啊……
雖然與食品業無關……

利用過去國際象棋社的人脈，
居然讓我聯繫上一間東南亞電子公司的老闆，他對我們的生意很感興趣。
我想有他挹注一千萬左右的資金，就可以幫助我們度過未來一年半了。
只能說喜歡下棋的人可真多！
這些是小妹妳談回來的嗎？
是的，哥哥。
……
我知道你們擔心什麼……

我怎麼可能真的強硬收購你們公司……
你們確實已經擁有獨當一面的能力！
抱
啊！我果然還是最屬意哥哥你！
畢竟讓對家族企業有好處、具潛力的新創公司，跟潛在競爭對手合作還是不太好，你說對不對？
是啊……！
你說他們打算投資多少錢？我們再談談吧？

是一千萬！
如果是由柏儀先生來投資，希望依舊能全方位協助我們公司！
……
噗—
明明看起來很老實，結果卻跟你表舅一樣，很貪心呢！
嘿嘿……
但我確實打算，如果投資愛呷飽便全方位協助，
你們公司的成長性讓我期待！
最愛哥哥了！
哇啊！

非常感謝您！
萬歲！事情順利的解決了！
哇啊！
盈律師！太謝謝妳的事前謀劃了！
壓力好大，學姐她哥哥看著我的時候我都要哭了！
好可怕，公司差點就要被哥哥整碗端走了！
嘿。最後也是柏儀投資你們啊！
偉祺你又發酒瘋！
經歷了第一次募資，公司成長起來後，很快就會有第二輪募資。
通常公司每隔十八至二十四個月就會進行一次募資，至少在手上的錢用完的六個月前就要開始找下一輪資金喔。
也就是說，這就只是第一關囉！

下次募資我們會小心注意的！
不會再給律師添麻煩的。
偉祺是技術出生，難免會有商務法律的問題！
多點經歷，培養好法務素養，以後會愈來愈順利的。
有問題就盡量問我吧！
羞
你看看你！
不過這次出的包真的滿大包的！哈哈哈！
偉祺他的確迷迷糊糊的！
說到熟悉法務，營業稅、所得稅比一開始我們想像中還多呢。
扣繳的部分也是。
沒注意到的話，罰金和忽然補繳的錢，累積起來也很可怕！
幸好房東人很好提醒我們！
不過…

雖然偉祺各方面都漏洞百出，
但他人緣可真好♥
朋友就是有錢人妹妹！人生都不用奮鬥了
說得可真露骨…
無論是公司創業時，重要的執行董事…
公司
$
業績
還是股東投資，全都有驚無險！
$
ok
芮儀小妹是他上輩子修來的福氣啊！
雖然叔叔你這麼說。
能和他成為好朋友，一起打拚新事業…
我覺得，我才是幸運的那個人…

思考新的商機是什麼，實在太令人興奮了！
即使是最壞的時代，也能實踐夢想！
不過……
你們的夢想，差點就要因為偉祇忘記註冊商標給破壞了呢！
智慧財產權什麼的，可要小心注意喔！
嚇死人啦！
不過他散仙這點，念他也沒用…
你看，他現在就……

爛醉如泥。完全沒在聽。
嗝
有夠沒用！
募到錢就開心到忘形，真是沒用的年輕人！
募到錢之後才是責任的開始！
有夠迷糊蛋的！
對啊！只好我多多罩著他囉！
你們今後想怎麼做呢？
和大家一起努力把愛呷飽經營成跨國大企業！
哈哈哈哈！好真心的酒後胡話啊。
天啊……

18 錢愈多，責任愈大——資金來源與對象

藉由前面五堂課，你算是闖過創業開公司的新手村，我們可以來聊聊募資。但在正式進入主題前，你必須有意識地提醒自己：募資在創業過程中很重要，但不應該是最重要的。錢可以幫助你啟動事業、擴大事業，但根本上還是要看市場對你的產品或服務買不買單。

台灣的創業者多半是技術背景出身，強大的技術能為創業初期奠定良好基礎，甚至是與其他競爭對手拉開距離的護城河。但只有技術好是不夠的，作為經營者，更需要考慮創業的方向對不對，你必須站在消費者的立場，仔細審視自己的技術，能夠為他們解決什麼問題（商機）？這個問題是普遍存在的嗎（潛在市場規模）？有沒有替代品（競爭對手）？如果有替代品，你的優勢是什麼（產品優勢）？一位經驗豐富的商務律師，也能為你的事業提供各種經營上的好建議，因為他們的工作就是在幫企業解決營運難題。

再次強調，錢可以幫你實踐理想，但錢本身不是理想，更何況創業開公司的錢，不見得全是你的錢。我之所以將募資擺到最後談，是因為要確保你已經充分理解，創業的本質，是藉由投入部分資金，通過一種或多種獲利模式，換取更大金錢報酬或額外成就的方式，在這過程中，錢只是其中一個燃煤而不是全部的要素。

創業型態百百種，有些創業者選擇輕資本創業，靠自己的儲蓄與親友資金支持，募資對這樣的創業者來說，不見得必要。另一方面，我也不希望創業者對募資有不正確的想法，因為有些創業者過分迷戀矽谷創業故事，只知其一不知其二，無形中造就「募資成功」等於「創業成功」的錯誤心態。募資只是創業的其中一步，拿到的錢愈多，背負的期待也愈多，接下來需要克服的難關才真的紛至沓來。

募資過程的靈魂人物：律師

如果說募資是一門藝術，那麼律師就是專精於這門藝術的藝術家。

你或許會覺得奇怪：乍聽「募資」兩個字似乎跟法律沒關，為什麼募資會需要找律師？

其實，募資是一個動態的法律程序，可以切割出很多的法律橫切面。以橫切面來說，在開始募資之前，一開始創業者就會有公司股權架構設計的問題要先處理。接著，創業者必須找出一個自己與投資人都能接受的募資法律架構。如果與投資人談得情投意合，接著就要磋商談判投資意向書（或投資備忘錄）。然後，創業者開始要接受深度實地查核。最終，創業者與投資人談判好投資協議，雙方執筆簽署。簽署前後，創業者可能需要進行某些授權及核准程序。雙方最後開始履行款股交割，然後舉杯慶祝。以上每一個橫切面都牽涉到許多法律規定及相對應的法律設計，創業者需要跟律師密集合作，才能在每一個時點做出對公司最好的法律決策。

但即使個別的橫切面做好還不夠，整個程序也必須順暢無礙。許多的交易會失敗，問題不在於實體事項的處理，而在於程序沒有善加控管。因為整個募資程序是動態的，什麼時候開始哪一些準備、什麼時候該中止、什麼時候該加速、什麼時候需要跟投資人聯繫什麼事情、什麼事情又需要取得哪些人的共識，箇中牽涉到諸多綜觀全局的判斷。這整個過程，需要一個專案管理師來擔任運籌帷幄的角色。律師是「程序」的專家，正是「募資」這個專案的最佳管理師。

這就好比，就算你懂法律，但在法庭裡你仍需要律師的引導來走整個訴訟程序一樣，好的律師將用他的豐富知識跟經驗，引領你走完這整個募資程序，讓你順利地迎接開香檳的慶祝時刻。

礙於篇幅，這本書沒辦法就募資的每一個法律橫切面，一一介紹相關的法律規定。另外，因為個別公司的差異甚大，如果你直接將注意力擺在每一個橫切面的法律規定上，也可能產生見樹不見林的困擾。因此，接下來的幾個章節，我只從宏觀的角度去談整個募資流程，及一些關於募資你該有的基本觀念。當你在腦海裡建立起整個基本架構後，你會知道如何與你的律師合作，讓律師當你募資過程中最強的靠山。

資金性質

這一章會透過「資金性質」與「募資對象」兩部分，來告訴你資金的義務性質，以及要去哪裡找資金。

在開始細談之前，我要提醒創業者，請你在開始找尋資金前先好好想想，究竟你的公司為什麼需要募資？在創業過程中，募資本身不是目的，只是一個

手段，所以你需要錢的根本原因是什麼？這筆錢是要拿來繼續研發、還是要拿來擴大行銷？是要製作產品原型還是要量產商品？是要開辦新業務還是擴張現有業務？我見過不少創業者，無法清楚地回答這個基本問題。但如果募資沒有一個明確的目的及使用計畫，就算今天你遇見慷慨多金的大金主，你也是沒辦法成功讓他掏出錢來的。釐清你的資金需求目的後，接著請問問自己：如果現在投入這筆錢，未來什麼時候能回收？以什麼樣的方式回收？當你把這些問題想過一遍的時候，你會慢慢思考出，究竟你的公司跟誰拿什麼樣性質的資金最合適。

創業者開公司的資金，依據資金的義務性質，大致上可分為「債權資金」、「股權資金」、「獎勵補助」、「回饋贊助」、「ＩＰ投資」五種。

哪一種比較適合你，其實沒有一定。

債權資金

債權資金，顧名思義就是借來的錢，之後公司仍須償還，通常還需要支付利息。相較股權資金，許多創業者比較不喜歡債權資金，因為除了多出利息支出，本金的還款壓力也是不小的心理負擔。

理論上，公司是獨立法人，公司財產與創業者個人的財產是分開的，公司還不出錢，也不會影響董事或股東的個人財產。但在實務上，創業者很可能會被銀行或融資租賃業者要求以董事或大股東身分簽署連帶保證契約，如果公司無法還錢，確實有可能波及創業者自身的財產。

另一方面，借錢開公司也不是這麼容易的，如果不是政府支持的貸款方案，借款者會再三打量你的還款能力。

儘管有上述的不便之處，仍有部分創業者偏好拿債權資金，主要有兩個原因，其一，有些政府單位的創業貸款計畫有補貼部分或全部的利息，創業者覺得負擔在承受範圍內。其二，某些創業者相當介意股權稀釋，寧可背債也不希望跟別人共享公司。例如國內某位創業家出身、現投身於創投界的知名人士就認為，因為現在是低利率時代，融資利息最多一〇%，只要能掌握管理好負債比，用貸款取得資金會比股權被稀釋還要好，這跟市場多數人的想法就很不一樣。債權資金是不是一定比較差，端看你的思考角度。

股權資金

募資市場的主流是股權資金，投資人出錢，拿到的是公司的股權，將來公司價值增值後，投資人再將股權出售獲利。

股權資金的優點是，如果公司業務後來沒有起色，錢賠光後，公司和創業者個人都不用還錢給投資人（但如果創業者有額外承諾，那就是另外一回事）。另外，投資人會希望公司成功，通常願意提供業務、財務，與技術方面的協助，甚至是一些管理上的建議與分享。

當然也有缺點，首先就是創業者的股權會被攤薄稀釋，當公司還小時，你對股權稀釋恐怕沒有感覺，但公司業務成長起來之後，你對這件事的感受可能就會愈來愈強烈。再者，公司也需要處理投資人關係。不同的投資人，對公司業務的參與期待也不盡相同。有的投資人對公司走向有強烈的期待與規劃，希望公司能按照他的指示走，有的則完全不管，更多的投資人是介於兩者之間，創業者往往會需要花時間與投資人溝通，找出一個平衡的相處之道。

獎勵補助

許多政府單位有針對創業提出補助計畫，包含經濟部中小企業處、文化部，以及台北市產業發展局……等等。這類資金多半形同贈與，優點是既不用還款，又不會稀釋創業者股權，對創業者的經濟負擔來說通常最小。

不過，這些補貼通常有金額上限，不見得能滿足創業者的資金需求，也時常伴隨著使用上的限制或義務（例如要繳交保證金或要進行許多後續報告等）。建議創業者把獎勵補貼當作「有，很好；沒有，也沒關係」，把獎勵補助拿來支應部分資金缺口，而不是創業的主要資金來源。不過因為國內的獎勵補助相當多，實務上確實也曾看過仰賴政府補助活著的新創公司。

回饋贊助

還有一種，有人會稱「回饋」，有人會稱「贊助」，主要透過群眾募資平台取得。受回饋者或贊助者拿出資金，獲得創業者給予一項實質回饋，像是商品、紀念品或甚至日後參與某些活動的機會，而不是拿回資本報酬或股權。

以商業的角度來看，回饋贊助資金的優點在於額外地幫助創業者驗證產品或服務的「市場可行性」。畢竟，一項產品的市場需求到底有多大，沒人說得準，放到群眾募資平台測試後，如果回饋贊助者的反應不好，那麼創業者可以趕快修正產品，免得繼續錯下去。因此，你拿到多少的回饋贊助資金，可以說是市場需求測試的一種結果。

ＩＰ投資

ＩＰ是智慧財產權（Intellectual Property）的縮寫。ＩＰ投資的模式比較常出現在文創業，投資人出錢，拿回來的不是股權，而是對特定作品及其衍生品的現金流分潤權利。因為有時一家公司會有好多部作品，投資人可能只就特定其中一兩部作品進行投資，這時候就需要建立某種現金流的查核機制，區分哪筆收入屬於投資人有權分潤的款項，避免雙方日後產生爭議。

另外，創業者也必須留心這類投資的投資條件。例如，投資人是不是要求按照作品的收入分潤，不管作品盈虧；累積分潤總金額是否設有上限及最低要求，如果投資人分到的累積分潤總金額沒有達到原先設定的最低要求時，該怎麼處理……等等。取決於投資條件的內容，ＩＰ投資操作起來的結果可能像是股權資金及債權資金的混合。

募資對象

現在的創業者比以前的創業者幸福許多，因為現在政府單位與企業都比以前鼓勵且支持創業者，因此各方面的投資計畫、補助計畫，以及貸款計畫都如雨後春筍般地冒了出來。只要稍微搜尋，你會發現有許多潛在資源，也有一些網站把官方各部會及民間機構公開提供的各項創業者支持計畫彙整，查詢起來相當方便。另外，你也可以不定時上國發基金、經濟部中小企業發展處、科技部與文化部這些部會網站，找到第一手的創業者支持方案。

這裡小小提醒你：一筆資金到底是債權、股權、獎勵、回饋，甚或是ＩＰ投資，要看資金的條件跟內容，跟名字沒有必然關係，千萬不要因為計畫的名稱，就自動腦補想像內容，你務必要花時間仔細了解資金所附加的義務與限制。

上面有提到，募資市場的主流還是以股權資金為主，因此接下來的討論都會以股權資金為主。

在創業者募集股權資金的過程中，哪些人會成為潛在投資人呢？這裡介紹按照創業階段依序出場的投資人。

親朋好友

這在英文裡面，一般稱為３Ｆ，即Family–Friends–Fools（家人－朋友－傻瓜）。如果加上創辦人（Founder）自己就是４Ｆ，我個人通常會稱為創業Ｆ４。

創業Ｆ４是創業的起點，除了創業者自己以外，親朋好友這類的投資人多半比較不會太要求投資條件，但多數時候資金規模也比較小。

天使投資人（Angel）

天使投資人通常在公司成立初期就開始投資公司，加上有些天使投資人也會幫創業者介紹人脈或業務機會，對公司來說是有如天使般地存在，因此得名。

天使投資人多半是口袋有餘裕的個人，也有一些天使投資人會共同組成天使投資基金再進行天使投資。但無論如何，不要以為天使投資人純粹行善不求回報，他們當然也期待能透過投資你的公司而獲利，只是天使投資人不會孤注一擲在你的公司，而是將投資分散成數筆小額的錢，投到多家不同的新創公司，進而達到分散風險的目的。

加速器（Accelerator）與孵化器（Incubator）

加速器的任務是加速一家公司的成長，重心擺在擴大公司的規模，例如著名的 Y-Combinator 及 Techstars 就是。加速器會讓新創公司進駐一段時間，提供業務方面的輔導，而對於創業者來說，除了業務上的建議外，加速器背後龐大的人際關係網絡，能夠幫助創業者更快找到潛在客戶及投資人，也是加速器的一大價值。加速器通常會向新創企業收一筆輔導費用，但同時也會提供一小筆資金給新創企業，換來公司一小部分的股權。

孵化器則著重將具有破壞式創新潛力的想法孵化出來，建立起可行的商業模式，所以其重點在催生創新，著名的 Idealab 就是一例。因為現在的加速器和孵化器愈來愈多，加速器與孵化器在實際營運上可能沒有那麼大的分別，不少的孵化器一樣會跟新創企業收一筆費用（可能是租金、開發費或其他名義），同時要求拿公司一小部分的股權。

不過，也有部分由政府與大企業支持的加速器與孵化器，不收費也不要求股權。創業者可以多比較，打聽前人經驗，找出適合自己的加速器跟孵化器。

創投基金（Venture Capital, VC）

創業投資基金，簡稱創投，是一種專業的投資機構，以直接投資公司股權的方式，將資金提供給需要的未上市櫃公司與新創企業，等到公司將來上市或被併購時，再將手中的股權出售獲利（我們一般稱為「出場」〔exit〕）。

創投是創業圈裡資金提供者的主力，絕大部分的募資教學與輔導，都假設你的募資對象是創投。

創投多數的錢來自背後的投資人，為了幫背後的投資人獲利，絕大部分的創投會投入技術、財務、產品行銷及管理等各方面的專業知識與資源，協助被投資公司成長，因此對創業者來說，創投代表的意義是資金和業務的雙重支持。

不過，創投通常都會與背後投資人約定還本的時間，因此時間快到時，會有出售被投資公司的股權以獲利了結的壓力。只有少部分的創投是長青基金，沒有出場的時間表。

企業創投基金（Corporate Venture Capital, CVC）

有一些大企業會成立專門投資新創企業的投資部門，業界一般稱為企業創投。目前產業界的競爭愈來愈激烈，大企業為了布局未來，除了自主研發創新外，也會往外找尋新創企業的投資機會。不過，與一般創投基金的目的不同，企業創投基金比較著重自身的企業發展策略，財務獲利相對來說不見得是主要目的，因此對於決定要投資哪些公司，以及後續如何協助公司開發業務，都比較會從自身企業策略發展的角度去思考。台灣有愈來愈多企業創投的趨勢。

家族辦公室

歐美一些有錢的家族豪門或富商巨賈，為了能讓家族財富持續成長並傳承給後代，有的會選擇設置獨立的投資及財富管理公司，來管理家族資產，這就是我們常稱的「家族辦公室」。這些家族辦公室的投資取向跟偏好差異頗大，有的還是靠家庭成員在管理，有的則開始找專業經理人幫忙，但整體上比較低調，人數也較少。台灣的家族辦公室有愈來愈多的趨勢。

私募股權基金（Private Equity Fund）

私募股權基金，簡稱私募基金，也是一種專業的投資機構，其架構跟運作邏輯都跟創投基金非常類似，差別在於創投投資的主要對象會集中在未上市櫃公司與新創企業，相對是早期的階段，但私募基金投資的對象通常是比較晚期，可以是快要上市櫃公司或已經上市櫃的公司，有些以困難企業為主題的私募基金甚至可能投資快要破產的公司。

以上是募資市場裡依序可能會出現的人物，我們可以把一家公司成長的不同時期以及相對應的可能募資對象濃縮成左邊這張圖，請你跟著我一起走一遍。

一開始，創業者與共同創辦人（Co-founder）可能只有一個點子、一個想法，就決定出一小筆錢來成立公司。公司成立後，需要著手將想法具體商品化，創業者會開始需要親朋好友跟少量天使投資人的支持，這時候的募資就稱為天使輪（angel round）或前種子輪（Pre-seed round）。不過，只靠親朋好友跟少量天使投資人的錢往往不夠，畢竟製作產品原型、測試產品市場可行性及建立核心客戶都需要錢，而且除了錢以外，創業者可能也會需要人脈及業務資源上的支持，因此創業者可能之後會需要開啟種子輪（seed round）的募資。種子輪是

新創企業募資週期

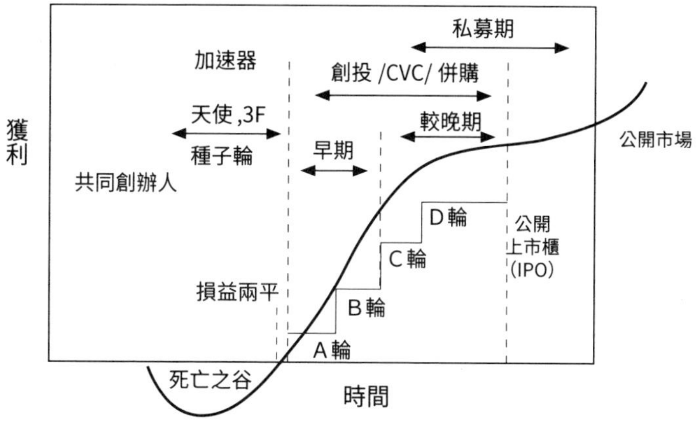

圖片出處：Wikipedia，並經過作者依台灣狀況修改而成

公司第一次正式對外向經常投資新創的投資人進行募資，募資的對象除了個人型的天使投資人，也可能包含天使投資人組合而成的天使機構，甚至也可能包含願意投資非常早期新創的創投（雖然在台灣相對不多）。而公司在此階段也可能選擇加入加速器，以獲得少量資金跟金錢以外的其他資源。

在種子輪的階段，公司都處於燒錢的狀態。公司可能完全沒有營收，或者即使已經有了營收，可是因為成本和費用更大，所以仍是入不敷出。因為不斷地燒錢，公司需要有外部新資金持續地投入，如果一個不小心，外部新資金沒有進來，公司就可能癱瘓、甚至倒閉。這種燒錢階段，一般稱之為「死亡之谷」（Valley of Death）。毫無意外地，幾乎對每個創業者來說，創業的第一階段目標就是跨過死亡之谷，提高公司存活的機率。

如果公司幸運地跨過死亡之谷，達到正的現金流後，這時候多半是產品已經驗證成功，獲得市場肯定，而且也有較為完整的商業模式，此時公司會需要大筆的外部資金，來達成擴大客戶、增加營收的目標，此時公司就可以展開A輪（series A）的募資。A輪募資是新創第一次對外向創投及企業創投等專業機構投資人進行募資。

取得A輪資金、順利在某個商品站穩腳步後，公司可能想進一步擴大規模並開始跨足新的商品或進軍新的海外市場，此時公司會展開B輪（series B）的募資，也就是第二次對外向創投及企業創投等機構投資人進行募資。

取得B輪募資後，如果一切順利，公司規模會繼續擴大，同時開始為股票未來上市上櫃做準備，公司將依序展開C輪及D輪的募資，也就是第三、第四次對外向創投等機構投資人進行募資。

C輪、D輪募資之後，公司接下來可能就走上向社會大眾集資的路，在台灣就是上市上櫃。上市，指的是股票在台灣證券交易所交易；上櫃，則是股票在證券櫃檯買賣中心交易。不管是上市還是上櫃，因為公司的股票從此就在公開市場上交易，流動性大增，此時公司的股東如創業者、之前投資的創投甚至是天使投資人，就可以在法律規定的範圍內把手中的持股賣出，賺取財富。

而從A輪開始之後，一直到公司上市上櫃前的期間，也有可能會有大企業找上門談併購，此時創業者參考股東的意願，也可以選擇不上市上櫃，而是讓公司走向被大企業併購的風光結局。

其實，所謂的種子輪、A輪、B輪等名詞的定義，沒有完全的統一，例如市場上也有些人是用公司的估值大小（下一章會介紹）來區分種子輪、A輪及B輪等。而前面的圖跟剛剛介紹的募資各階段，其實只是大約的輪廓速寫，具體情況會因為個別產業、市場及企業的差異而有不同。例如，市場上有企業雖然已經募到C輪，卻實際還在燒錢的階段；也有的新創已經開始募集A輪，但公司的商業模式其實還不成熟。因此，種子輪、A輪、B輪等這些名詞只是方便溝通，投資人不會因為你募的是哪一輪就天真地相信你的公司發展到了哪個階段，他們還是會精明地檢視公司本身的體質狀態。而從另外一個角度來說，你也不需要墨守公司一定要發展到什麼階段才能募資，只要能讓你的公司「活著」，公司什麼時候該開啟下一輪、以及找哪種投資人……這些事情，都是「活的」！

19 值多少錢？——募資時程與估值

創業者的時間心力應該是擺在業務執行上，但不得不承認，募資經常花掉創業者很多時間。

募資這件事情很微妙，既然募資會花掉很多時間心力，能不能一次募完公司成長過程中所有需要的資金呢？沒有這可能，因為公司的資金需求會變化，投資人也不會願意一下子把所有的錢擺進來，一次拿一大筆錢更容易造成嚴重的股權稀釋。

但公司也不能一年三百六十五天都在募資啊？

所以一般說來，我們會建議一家公司每次募資以未來十八到二十四個月的資金需求為目標，也就是每隔十八至二十四個月進行一次的募資。這麼做可以讓創業者跟投資人都有機會定期檢視公司業務發展的情形，並且因應募資的需求做出一些適度的調整。

資金消耗率

募資的另一個大忌是等到公司沒錢時才進行募資。這裡要介紹一個觀念：資金消耗率（Burn Rate）。資金消耗率是一家公司在營業活動產生正的現金流之前，公司燒錢的速度，通常就是指每個月公司要花掉多少現金。例如，你的公司要維持正常運作，辦公室租金、水電、人事、差旅費及其他雜支費用等，每個月會花掉三十萬元現金，這就是公司的資金消耗率。在募資過程中，經常會有投資人問你「Burn Rate 是多少？」就是要了解公司目前燒錢的速度。

所以什麼時候要開始募資？一般會建議，以資金消耗率出發，公司至少要在手上的錢用完的六個月前就開始找尋投資人。不過，六個月只是個參考數字，取決於公司的個別情況，你可能需要更早開始進行募資。

另外，如果當下的總體經濟狀況不佳（像是疫情導致經濟趨緩），募資難度就會提高，創業者就應該預留比六個月更長期間的營運資金在手上。平時業務執行過程中，創業者仍需要花時間經營人際網絡，與潛在投資人保持聯絡，比較有機會縮短找尋投資人的募資過程。

股價

在與投資人討論投資條件的過程中，最重要的是「股價」，也就是投資人入股公司的投資價格。如同你會幫商品定價，你也可以幫你的公司定價，股價一定程度地代表「公司」這件商品的定價，如果投資人願意投入比市價更高的價格購買你的股份，那就表示投資人很看好你的公司。

那麼，股價究竟是如何決定的呢？

台灣早期對股價的算法，是建立在股票面額制的基礎概念上。由於以前的公司多半會將股票面額設為十元，起始股價就是十元，所以過去投資的談法多半是參考每一股的淨資產價值，然後用每股幾元在談。

這種談法雖然簡單明瞭，但缺點是沒有考慮公司的成長潛力與無形資產，只侷限在公司現有的帳面價值，因此談出來的價格通常不利於被投資公司。而且也無法將股價與股權多寡有效連結，無法幫投資人或外部人評估究竟這家公司到底「貴不貴」。

所幸，晚近在矽谷模式的洗禮之下，台灣現在對股價的決定方式已經有了不同做法。目前創投圈主流已經都是用估值（valuation）在算，而且其實不只

創投圈，估值這套方法也已經慢慢地為非創投圈的投資人所採用。如果，你遇到的投資人還是用每股多少元在跟你談，記得請自己切算到估值模式來思考。

估值

什麼是估值？怎麼計算？每一個投資案，都有兩個估值。一個是投前估值（Pre-money Valuation），指的是整個公司在投資人投資前的估計價值；另一是「投後估值」（Post-money Valuation），指的是公司在投資人投資後的估計價值。而投前估值跟投後估值的差額就是投資人投資金額，也就是上面的這個公式。

假設漫畫中偉祺的公司需要籌措一千五百萬元的資金，某個投資人有興趣，但他希望拿到二五%的股權，那麼代表這位投資人給偉祺公司的投前估值是四千五百萬元，增資後偉祺公司的投後估值是六千萬元。

投資金額 ÷ 投後股權比例 = 投後估值

1 千 5 百萬 ÷25% = 6 千萬

投後估值 — 投資金額 = 投前估值

6 千萬 − 1 千 5 百萬 = 4 千 5 百萬

怎麼算的？將投資金額除以投資後的股權比例，我們就會得到投後估值的數字，然後將投後估值扣掉投資金額，就是投前估值。

因此，以這個案子來說，在投資人心中，偉祺的公司在他還沒有進來投資前，價值是四千五百萬元。

聰明的你一定發現，如果是同樣的投資金額，當公司的投前估值愈高，投資人拿到的股權比例就愈低，因此對公司現有的股東包含身為創業者的你來說，就愈有利。因此，投前估值絕對是投資人跟創業者的談判重點。

好啦，那投前估值怎麼算？坦白說，這是雙方談出來的。是的，你問再多人再多次，但最後都還是會總結這麼一句話：談出來的。

其實，為了要計算一家公司的投前估值是多少，市場上已經發展出各式各樣的計算方法。這些計算方法又可以分為兩類：一類是國際評價準則所接受採用的方法，主要是市場法、收益法及資產法，當公司有資產也有營收時的，通常就會用這一類的估值計算方法。另一類則是比較針對缺乏營收現金流的新創公司所設計出來，這些方法以問卷、評量或簡易指標的方式來計算估值，包含VC模式、計分卡模式、Dave Berkus模式及Cayenne模式。

無論是採用哪個方法，這些方法都有估算和預測的成分在裡面，算出來後往往只是一個參考值，投資人跟你不見得會買單，也不一定要買單。更多的時候，投資人心裡會有自己的一把尺，什麼產業及階段的公司估值大概多少，只要大概在這個範圍內差不多就好，這些估值計算方法只是對談判結果的一種佐證。

所以，怎麼看待這些估值的計算方法？都不用理會嗎？那也不是。這些估值計算方法可以當作創業者自我評量的一個指標跟參考值，在跟投資人談判前可以先用兩、三個方法來計算，讓自己心裡有個底。另外，談判估值的過程也是投資人評估公司團隊跟業務的時候，你為什麼主張這樣的估值？是建立在什麼樣的財務和業務假設之上？這些假設是否合理？投資人從你回應這些問題的過程可以判斷創業者對公司的業務財務掌握程度，因此事前的自我推算估值就是一個很好的沙盤預演。

至於這些估值計算方法的詳細內容，因為這些方法牽涉很多技術性的細節，講三天三夜可能也講不完，因此這裡不多加討論，有不少書籍跟網站都有介紹，等到需要時可再研究。以第二類的方法來說，國內目前也有研究智庫已經開發出來估值計算機（Valuation Estimator, VE），有需要的話你可以多加利用。

這裡要提醒一點的是，估值主要的用處是決定投資價格，用來計算投資人投資你的公司時可以拿到多少股權，並不是表示現在把公司拿去市場賣真的可以拿到這些錢。所以，拿到投資人的錢後，創業者還是要努力打拚，把公司的業務做起來，未來才有機會真正用估值風光地上市或被併購。

估值並非愈高愈好

前面提到，投前估值愈高，表示創業者在拿到相同的資金下釋出較少的股權給投資人，對創業者來說就愈有利。在政府喊出要培育台灣自己的新創獨角獸後，追求高估值儼然成為很多新創公司的共同目標。

不過，估值是否真的一定就愈高愈好？前面有提過，投資人關係是創業者必須花時間處理的一環，因此理念相近甚為重要。一味追求高估值，容易造成公司用估值高低而不是用理念來選投資人，長期來看不見得是有利的選擇。

另外，估值給得愈高，表示投資人對公司的業務發展期待愈高。那麼，公司的高估值有沒有相對應的業務發展做為支持？這次以高估值風光募資，一年半後進行下次募資時，就是大軍壓境的驗兵時刻。過去這段時間，公司的新產品是否如期開發出來？營收是否如預期？是否開始獲利？有效簽約客戶或訂閱顧客有多少？這些一連串的問題，如果禁不起檢視，其結果就是必須進行砍價融資（downround），以較前一輪為低的估值來進行下一次的募資。

遇到砍價融資，第一個效果是反稀釋（anti-dilution）條款[1]的觸發，再者，現有投資人如採用國際財務報導準則（IFRS）也因此必須認列減損。但最可怕的地方恐怕還不是這些，而是公司對潛在投資人的吸引力因此大為降低，讓下一次募資變得困難重重。所以，估值是「合理」就好，不要有愈高愈好的執迷。

1 有些投資人為了避免股權貶值，通常會在投資時與公司約定好，如果公司未來進行砍價融資時，公司要對投資人進行某些股權補償或調整，稱為「反稀釋條款」。

就像員工擬定明年的業務目標不能過與不及，估值反映了投資人對公司的期待，唯有把投資人對公司的期待控制在合理的範圍，才能讓公司健康地成長。

當然，前面這樣說，不是指投資人開了高估值給你後，你要拒絕投資人或者是主動砍自己的價。高估值多數情況仍是好事，只是建議你要理解高估值背後的意義，仔細了解投資人的想法與期待，避免將來彼此覺得一切原來是誤會一場。

避免股權稀釋過多

出來創業，無非是希望自己當老闆。本來一開始公司百分之百的股權是創業者個人的，但隨著投資人資金愈拿愈多，股權慢慢釋出，創業者手上的股權比例會隨之降低。如果股權稀釋得過多，公司的控制權會從創業者手上轉移到投資人手上，演變成創業者幫投資人打工的情況。因此，創業者務必要注意，每一次募資股權稀釋是否在合理的範圍。至於什麼樣程度的稀釋在合理的範圍？這其實沒有一定，會隨著公司的產業、募資階段及業務性質而有差異。我們在前面曾經談到律師在募資過程的重要性，創業者在募資過程中如果對於股權稀釋程度是否合理有所疑惑，千萬記得要跟自己的律師討論。

前面說過，同樣的投資金額，估值愈低，表示創業者的股權會被稀釋更多。如果投資人給的公司估值偏低，你又不希望股權一次稀釋過多，該怎麼辦？其實，這個時候你可以考慮少募一點錢，也就是減少這一輪的募資金額，但縮短到下次募資時間的間隔，然後利用現在到下一次募資的這段時間努力衝刺業務，拉高下一次募資時候的估值。記得，募資計畫也是活的，你要隨時針對募資市場的反應進行調整或修正。

20 一手愛情，一手麵包——募資流程及投資條件

愛情的世界裡有許多一見鍾情的故事，但募資的世界很少。雖然募資過程經常被比擬為男女朋友交往，但這種交往過程多了很多麵包的計算。

整個募資的過程，從初步接觸開始，到公司真正收到投資人的錢，大致會經過下面這六個階段（請見下頁圖解）。

初步接觸

在初步接觸階段，一般會建議創業者透過認識的人寄送公司簡介給創投或天使投資人，而不是透過陌生拜訪的方式。不是說陌生拜訪就一定沒有機會，而是有些投資人認為，透過認識的人介紹，表示創業者有一定的社交能力，而社交能力也是團隊成功的潛在指標。看到這，你會不會覺得創業很累，要業務

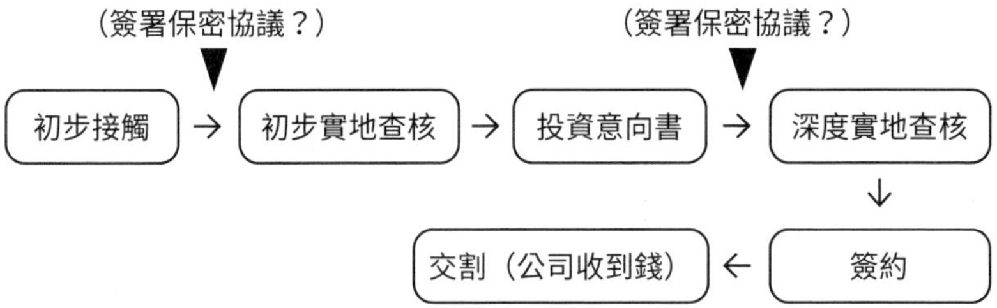

能力，要管理能力，竟然還要社交能力？是的，因此我由衷敬佩每一位創業者。

將資料送給投資人後，你可能會得到一個面對面簡報的機會。你必須要假設跟投資人簡報的機會只有一次，因此你的簡報最好直接了當指出公司產品的優點以及團隊的優勢，不要預設會再有其他的機會讓投資人慢慢發掘你的優點。尤其當你的投資人是創投時，因為創投每天都要聽取多份的募資簡報，因此你必須很快地抓住他們的眼球。

初步實地查核&深度實地查核

理性的投資人在投資之前一定會對公司做一連串的調查、研究跟分析，這整個過程我們稱為「實地查核」（due diligence，或稱「盡職調查」）。

初步實地查核會將重心擺在公司的業務狀況、團隊的背景能力及整體市場產業的分析，不少投資人也會再加上財務分析。做完初步實地查核後，投資人就大概能決定要不要投資你這家公司了。

至於深度實地查核，主要的目的是在衡量法律風險，以法律面向為查核的主軸，也有投資人會將深度的財務調查放在這個階段。如果說初步實地查核的目的是幫助投資人決定要不要投這家公司，那麼深度實地查核的目的就是在幫助投資人發現，有沒有什麼重大不利的原因，導致這家公司成為不適合投資的標的。

初步跟深度實地查核做的範圍跟精細程度，取決於投資人的需求及習慣，當然也跟新創公司的產業及發展階段有關，沒有一定。

簽署保密協議

有些創業者會要求投資人在初步實地查核或深度實地查核前，先與公司簽署保密協議。我很難說你的公司究竟需不需要簽署保密協議，畢竟這取決於你公司的產業及業務特性。不過在實務上，我們確實看到部分創業者過分執著於保密協議。

台灣的創業者在碰到投資人要求簡報以外的資料時，不論這些資料的數量與性質，往往第一個起手式是簽署保密協議，演變到後來，台灣的保密協議滿天飛，但大家卻不是真的在乎。

保密協議最大的問題，在於限制了創投對外談論新創公司的機會。如果你的公司夠好，創投會想要尋找共同投資人或幫忙引薦，此時保密協議反倒對創投綁手綁腳，成了標準的防君子不防小人的障礙。而且對創投來說，一旦跟其中一家簽署保密協議，日後再接觸其他類似業務或技術的投資案時，潛在被控告違反保密協議的法律風險就會增加。以美國科技業的創投跟新創來說，不簽保密協議已經成為行業的默契共識，要求創投簽署保密協議會被認為是不專業的行為。

當然，在某些產業及針對某些極為特殊之資訊，甚或是創投過往保密的名聲不佳時，保密協議仍有存在的必要。我自己也碰過美國的科技新創堅持要有保密協議，而且即使創投簽署仍然無法看到核心的技術內容，但創投仍然趨之若鶩要搶投資額度的例子。

如果真的有需求，新創公司當然還是要提出簽署保密協議的要求，不過提出的時點要適當。有一些創業者在與投資人第一次面對面初步接觸時，當投資人還不知道創業者的公司在做什麼的時候，就要求投資人先簽署保密協議，這樣的做法不但達不到目的，更會因此得罪人，對創業者來說絕對是負面的影響。

投資意向書（投資備忘錄）

一旦投資人有興趣投資你的公司，雙方討論投資條件並且達成一致後，就會簽署一份投資意向書（Term Sheet），有的會叫投資備忘錄（Memorandum of Understanding, MOU）。不論名稱是什麼，這份文件的內容是把雙方同意的投資條件包含估值等明文寫下來。

不過除了少部分條款外，投資意向書或備忘錄本身是沒有法律拘束力的。即便如此，也不表示你可以隨便亂簽，因為以投資圈的慣例來說，當投資意向書或備忘錄簽署了之後，倘若沒有特殊原因是不會再更改投資條件的。如果你沒有正當的原因，卻要求修改投資意向書或備忘錄裡面的投資條件，會被投資人視為有失誠信。

那你會問，哪些是業界常見的投資條件？坦白說，取決於投資人的喜好跟創業者能夠接受的程度，市場上的投資架構跟投資條件差異頗大。近年國內的創投及其他投資人慢慢習慣矽谷模式，因此矽谷模式的投資條件逐漸增加，這模式的特色在於創業者拿的是普通股，投資人拿的是特別股，而且這些特別股會在下列這些方面有優先或特殊的權利：

- **股利分紅優先權**：特別股優先於普通股領取股利的權利。
- **優先清算權**：公司清算解散時，特別股優先於普通股受賸餘財產分配的權利。
- **可轉換普通股權**：特別股在某些條件下轉換成普通股的權利。
- **強制轉換**：在哪些情況下，特別股將被強制轉換成普通股。
- **表決權**：特別股投票的方式與表決權的計算。
- **股東保護條款**：公司進行某些特定事務必須取得股東會同意。
- **反稀釋條款**：公司砍價融資時，股東可獲得某種形式的調整補償。
- **資訊權**：投資人可以取得公司特定資訊的權利。
- **優先認購權**：公司募資時，投資人可以優先認購新股。
- **優先購買權及聯賣權**：創業者出售股權時，投資人可以優先購買或跟創業者一起出售的權利。

- **強賣權**：某些特定條件下，要求其他股東一起出售股份的權利。

這一套架構的優點在於能充分保護投資人，而且因為在美國已進入標準化，因此可以節省投資人跟新創企業的談判成本。這套架構，也不一定要是美國公司或境外公司才能用，在台灣的公司法修法後，現在台灣的股份有限公司也能做。因此，這也呼籲到前面所談的，在台灣設公司有很多好處，不見得比境外公司差。

那麼，創業者是不是一定要用上面的特別股架構跟投資人談條件？不一定，也還是有不少的投資人覺得不用那麼多的變化，簡單就好。另外，畢竟一般國內投資人跟新創公司對上面這套架構還是比較陌生，因此可能會拉長協商談判的時間。究竟哪些條件好？哪些適合你的公司？這些必須針對你跟投資人的狀況，才能找出一個甜蜜點。

簽約及交割

前面提到，投資意向書或備忘錄通常是沒有拘束力的，也就是說，如果投資人在深度實地查核發現什麼重大的瑕疵問題，投資人仍然可以轉頭就走。當然，投資人也要有合理正當的理由，例如法律查核後發現公司有龐大的潛在負債，或者公司其實根本沒有取得營運技術的智慧財產權，但這些問題創業者事前都沒有提過。如果沒有正當理由，投資人簽署了投資意向書，卻反悔不投資的話，投資人自己的名譽也會受損。

無論如何，只有到了簽約完成後，投資人才是真的有法律上的義務要把錢投進來，等到公司真的收到錢，投資人變成股東，雙方交割完畢，整個募資過程才告落幕。

不過，交割完畢不是表示創業者從此可以輕鬆了。相反地，喘一口氣之後，你的責任又更大了，如何將拿到的資金用來開發擴大公司的業務，這才是你真正的工作。

結語 致力於不犯錯

看到這裡，恭喜你已經大概建立起創業所需的基本法律素養了。如果我們把一家公司比喻成一部跑車，那麼這部跑車是由「人＋錢＋產品（服務）＋品牌價值」所組裝起來。如果你想要提高跑車的性能及表現，除了要提高零件品質外，高強的組裝技術也不可或缺，而組裝技術裡的其中一個關鍵能力就是法務素養。

在這本書裡，我特別強調：創業者必須熟悉有關經營公司的法律知識，學會善用法律工具能夠為自己的事業加分，而律師是你整個創業過程中最堅強的後盾。

創業從人開始，包含出錢的人（股東）及決策營運的人（董事）。要把人組合起來，需要一個法律框架，所以你會需要選擇公司型態，決定出資及股份的設計，然後把公司設立起來。公司成立了之後，你必須理解自己作為股東及董事的權利義務，而不是天真地以為公司就是你的護身符。

你很快就會知道老闆其實不是人幹的，「勞工」的相關議題相當棘手。你必須先了解，你的「員工」到底是不是「勞工」，然後正確理解：台灣法律是相對保護勞工的，因此工時、試用期、責任制及解僱等員工問題的安排，第一要務都是要合法，然後在合法的範圍內採取公司能夠接受又通情達理的做法。

創業的目的一定包含賺錢，所以你一定得把錢管好。要把錢管好，你要有基本的財務會計觀念，而記帳、編製財報及報稅，都可以也務必找專業人士幫忙。請注意公司作為法律上的「人」，也有報稅繳稅的義務，公司一定逃不掉的是「營業稅」與「營利事業所得稅」。創業者還必須要了解，公司的某些支出，有「扣繳」及「代扣」的適用。如果公司沒有按規定扣繳與代扣，作為公司負責人的你可能會面臨處罰。

當然，如果公司的錢不夠時，你會需要對外募資。募資的過程，會有很多細節問題需要律師的專業建議。我同時也強調，募資成功不等於創業成功，拿到錢之後如何做出成績更為關鍵。募資時錢拿得愈多，你的責任也就愈大。

一家公司的價值，是同時建立在「產品（服務）」及「品牌價值」兩者之上。要保護好自己的「產品（服務）及「品牌價值」，智慧財產權是每個創業者都必須學會的手段，包含「商標權」、「專利權」、「著作權」及「營業秘密」。世界經濟的競爭早已進入無形資產戰爭的階段，保護好自己的智慧財產權，才能避免競爭對手的惡意攻擊，甚至能將自己的智慧財產進一步變現貨幣化。如果公司的心血結晶適用多種智慧財產權來保護的話，建議多管齊下，讓自己有多一點救濟管道。

好了，到目前為止，你有基本的法律知識了。因為篇幅有限，我在這本書裡介紹的是針對創業初期所需要的基本法律觀念。如果你的公司走過死亡之谷，站穩腳步，逐步擴大，未來你所需要的法律素養將必須再進一步提升，而我很樂意屆時再跟你介紹進階的法律觀念。

附表

附表 A 所得稅扣繳費率
（截至 2021 年 3 月 31 日）

所得類別	支付給我國稅務居民	支付給非我國稅務居民
薪資所得	1. 5% 2. 按薪資所得扣繳稅額表（110 年起扣金額 84,501 元）	1. 18% 或 6%（全月給付總額在基本工資 1.5 倍以下者） 2. 政府派駐國外工作人員全月給付 總額超過 3 萬元部分 5%
租金所得	10%	20%
執行業務報酬（像是支付報酬給律師、會計師、代書）	10%	20%
股利或盈餘	免扣繳	21%
佣金所得	10%	20%
利息所得	10%	20%
權利金	10%	20%
競技競賽機會中獎之獎金或給與	10%	20%
退職所得	減除定額免稅後 按 6 % 扣繳	減除定額免稅後 按 18 % 扣繳
其他所得	告發或檢舉獎金 20%	20%

附表 B 應扣取補充保險費的情形及扣取上下限
（截至 2021 年 3 月 31 日）

計費項目	下 限	上 限
全年累計超過當月投保金額 4 倍部分的獎金	無	獎金累計超過當月投保金額 4 倍後，超過的部分單次以 1,000 萬元為限。
兼職薪資所得	單次給付金額達中央勞動主管機關公告基本工資之薪資所得。	單次給付以 1,000 萬元為限
執行業務收入	單次給付達 20,000 元	單次給付達 1,000 萬元為上限
股利所得	1. 以僱主或自營業主身分投保者：單次給付金額超過已列入投保金額計算部分達 20,000 元。2. 非以僱主或自營業主身分投保者：單次給付達 20,000 元。	1. 以僱主或自營業主身分投保者：單次給付金額扣除已列入投保金額計算之股利所得部分以 1,000 萬元為限。2. 非以僱主或自營業主身分投保者：單次給付以 1,000 萬元為限。
利息所得	單次給付達 20,000 元	單次給付以 1,000 萬元為限
租金收入	單次給付達 20,000 元	單次給付以 1,000 萬元為限

你不該為創業受的苦！創投法務長教你開公司、找員工、財稅管理、智財布局與募資

作者：許杏宜｜漫畫：夜未央MiO｜總編輯：富察｜主編：鍾涵瀞｜編輯協力：魏秋綢｜企劃：蔡慧華｜視覺設計：FE DESIGN、Didi｜印務經理：黃禮賢｜社長：郭重興｜發行人兼出版總監：曾大福｜出版發行：八旗文化／遠足文化事業股份有限公司｜地址：23141 新北市新店區民權路108-2號9樓｜電話：02-2218-1417｜傳真：02-8667-1851｜客服專線：0800-221-029｜信箱：gusa0601@gmail.com｜臉書：facebook.com/gusapublishing｜法律顧問：華洋法律事務所 蘇文生律師｜印刷：呈靖彩藝有限公司｜出版日期：2021年4月／初版一刷｜定價：450元

國家圖書館出版品預行編目(CIP)資料

你不該為創業受的苦！：創投法務長教你開公司、找員工、財稅管理、智財布局與募資/許杏宜著. -- 初版. -- 新北市：八旗文化出版：遠足文化事業股份有限公司發行, 2021.04
360面； 14.8×21公分

ISBN 978-986-5524-45-6(平裝)

1.商業法規 2.企業法規

492.4 110002723